JN065147

ケーキと革命

タカラブネの時代とその後

本庄 豊

はじめに——駄菓子屋とタカラブネ

敗戦まもない1948年夏、京都市下京区御器屋町にある平安高校（現在の龍谷大学平安高校）グランドに面した裏路地で小さな菓子製造卸売店が操業を始めた。前身は野口安丸の営む駄菓子屋だった。焦土のなか甘いものを求めた子どもたちが顧客となり、会社はフル稼働することになる。同店名を「宝船屋」と言った。同族経営の宝船屋の中心となったのは、安丸の五男・野口五郎。同姓同名の歌手がいるが、別人である。野口家には9人の男の子がいた。生まれた順番に、安男（戦病死、1912年生）、正男（脳梅毒死）、三郎（夭折）、四郎、五郎、六郎（夭折）、七郎、八郎などの名を付けた。9番目の男の子は修とした。1935年生まれの修は京都大学に入学し、戦後最大の社会運動・安保反対闘争の渦に飛び込んでいく。五郎は大学卒業後民間会社に就職した修を呼び寄せ、修とともに京大学生運動（60年安保闘争）で活動した「闘士」たちを、宝船屋改め「タカラブネ」の中枢に招き、当時としては画期的なお菓子のチェーン店システムを構築していく。

修の京大での2年後輩が熊本から来た新開純也である。修が京大吉田校舎で自治会委員長となった時期、新開は京大宇治分校で結成されたばかりの自治会の委員長として活動を始める。2人の若者は戦後の日本の針路を求めて、仲間たちと集会を持ち、京都の街頭デモに出た。その新開が社長になり、２００３年タカラブネの幕を引く。

宝船屋が京都で開業した翌年の１９４９年、中山道宿場町の風情の色濃い群馬県碓氷郡松井田町で、30歳になったばかりの私の母は朝鮮人の軒先を借りて駄菓子屋を始めた。夫がレッド・パージで県立高崎商業高校の教壇を追われたため、生計を立てるために開いた店だった。当時駄菓子屋は「三文商い」と呼ばれたが、商才のある母は店を繁盛させ、軒先の駄菓子屋は移転し、三畳ほどの店となった。私は「駄菓子屋の子」として１９５４年に松井田町の店舗兼住宅で生まれた。妙義山米軍基地反対闘争のリーダーだった父は、たぶん私の出生には立ち会っていないと思われる。少年期の私は、母の目を盗んで駄菓子を失敬した。隠れて食べる駄菓子は美味しかったが、近所の友だちから「菓子屋の子」「売り屋の子」と呼ばれるのは悲しかった。

大阪府枚方市I町で駄菓子屋「ショップM」が開店したのは、１９５２年のことだった。夫を亡くした女性が女手一つで子どもたちを育てるために始めた店だった。全国で駄菓子屋が開店ラッシュを迎えていたこの時期、問屋よる駄菓子供給網が確立していったと思われる。専門知識がなくても営業できた駄菓子屋は、タカラブネの各店舗同様、売ることに徹したフランチャイズ店のようなものだった。日本が豊かになるにつれて、駄菓子屋はタカラブネやコンビニエンスストアに客を奪われ経営難に陥っていく。多くの駄菓子屋が消えたのは、１９８０年代のことである。それでも「ショップM」は女性の息子の妻に引き継がれ、２０２１年まで営業を続けた。

私が就職のため京都府南部で暮らし始めた１９８０年代、タカラブネは中部地方や関東地方にも進出、１０００店をかかえる日本最大の菓子フランチャイズチェーンに成長、本社工場は京都府南部の久御山町に移転していた。タカラブネはケーキやシュークリームをリーズナブルな価格で提供する戦略で拡大路線を続けたのだ。この頃タカラブネ創業家の息子と私は偶発的な「事件」を起こすのだが、顚末は本文「序幕」に譲ることにしよう。私はこの事件以来、タカラブネの菓子を買わなくなった。その私が本書を書くようになるとは不思議な巡りあわせである。

1982年に撮られた写真がある。撮影場所はタカラブネ本社（京都府久御山町）。前年に結成されたタカラブネ労組の初めての春闘集会と集会後のデモの様子がわかる。立ち姿の組合役員は男性だが、座り込んでいる圧倒的多数は女性である。若い女性たちの逞しい笑顔に惹きつけられる。これらの写真からケーキや菓子作り現場では衛生帽を被った女性パート労働者が多数、生産ラインに立っていたことがわかる。タカラブネ本社工場のあった京都府南部の久御山町でパート労働者だった女性に聞き取りをすると、「12月のクリスマスシーズンはほんとうに忙しかった。けれど、美味しいケーキを安い値段でつくっている仕事には誇りを持っていました」と語った。

本書は日本最大級の洋菓子チェーン「タカラブネ」の歴史を通して、日本の戦後政治・経済史、学生運動史・労働運動史を捉えなおそうとする試みである。書名は『ケーキと革命　タカラブネの時代とその後』とした。ケーキは経済、革命は政治や学生運動・労働運動、流通革命などの意味を含んでいる。60年安保闘争を闘った「革命家」たちの少なくない部分が、1960年代に起こったチェーンストア理論の学習会「ぺガサスクラブ」に集り、日本の「流通革命」を先導するようになった歴史は、個人商店であった駄菓子屋が消えていく歴史と重なり、ため息をつきながら執筆した。西武やイオン、タカラブネなど、経営者の多くが元革命家たちだった。彼らは「大量生産」による均質商品のなかに、社会主義的ユートピアを見ていたのではないか。

拡張・多角経営路線を突っ走ったタカラブネは、コンビニエンスストア（コンビニ）などとの競争に敗れ、２００３年に再生法を申請し事実上倒産する。その2年後、巨大スーパー「ダイエー」が経営危機に陥る。コンビニもまたフランチャイズチェーンだった。いまそのチェーンストア業界が危機のなかにある。アマゾンや楽天など台頭するネットビジネスは生き残っていた個人商店にチャンスを与えた部分と、新たな搾取構造に取り込んでいった部分があると考えるが、未来への安易な予想の前に、まずはお菓子や駄菓子屋、そしてタカラブネの歴史をていねいに振り返ることにしよう。そこから見えてくるのは日本と世界のバラ色ではないが、ほんのり明るい光かもしれない。

〈追記〉

「付論」として「『ケーキと革命』の方法と叙述――歴史研究とノンフィクション」を書いたのは、私の著作の読者から「あなたは歴史研究者なのか、ノンフィクション作家なのか」と問われることがあるからである。そこでこの機会に、歴史研究と叙述、歴史の授業などをノンフィクション論と合わせて記述したいと考えた。

1982 年　労組結成後初めての春闘（自立労連 20 周年企画委員会編集『自立労働組合 20 年のあゆみ』2000 年 6 月 15 日発行より）

『ケーキと革命～タカラブネの時代とその後』　目次

序幕　タカラブネの時代

毎週のように店舗を拡大

１９８０年代ころ、家庭で食べるケーキなどの洋菓子は圧倒的にタカラブネが多かった。近畿圏、中部圏、首都圏に進出したタカラブネの店は駅近くなど、立ち寄りやすい場所に立地していた。

「家に持ち帰るショートケーキは駅近くのタカラブネで買いました」

「シュークリームやシューアイスが美味しかった」

「家族の誕生日にケーキを購入して持ち帰りました」

「ロールケーキが安くておいしくて、よく買って帰りました」

そう語る中高年の人は多い。それまでクリスマスや誕生日など「特別の日」しか口にすることになかったケーキを、日常の食べ物にしたのがタカラブネだった。美味な洋菓子を廉価販売した展開方法に、駄菓子屋として出発したタカラブネの姿を見るが、その駄菓子屋が姿を消したのが1980年代だった。

1980年代の日本は「貿易立国」と言われていた。自動車やテレビなどの家電製品が世界市場を席巻し、貿易黒字は14兆円となり、70年代の石油ショックを乗り越えた日本経済は、バブルへの予兆を感じさせながらも確実に成長していた。人びとは日常生活のなかにこそ「豊かさ」を求めるようになっていた。

ノンフィクション作家の佐野眞一は『カリスマ　中内㓛とダイエーの「戦後」』（1997年、日経BP出版センター）のなかで高度経済成長について、こう書いている。私がタカラブネをとりあげる意味と重なる部分を感じる。

高度経済成長時代とは、まさしく日本の経済と企業のドラマがつくられた時代だった。それを描くには、巨大な消費社会を短期間で築きあげ、われわれの生活を一変させていった最も〝戦後的人物〟である中内㓛の足跡と、ダイエーの興亡の歴史をとりあげるのが、これまで高度成長をテーマにしてものを書いてきた私に与えられた任務ではないか。その思いは日を経るにしたがって、私のなかで強固になっていった。

中内は単に強欲なスーパー経営者でもなければ、涙もろい人情家でもない。中内は戦後という時代と高度経済成長のうねりを自ら体現した、最も代表的な日本人だった。

中内㓛をタカラブネ創業者・野口五郎に置き換えても違和感のない文章になる。しかし、本書は佐野の『カリスマ』のような人物評伝ではない。野口五郎は戦後を生きた重要な人物ではあるが、私が書きたいのはタカラブネという企業が戦後日本社会のなかにどういう位置を占め、タカラブネにかかわる人びとがどんな生き方をしたかということである。そのなかで大量生産大量消費社会以外の選択肢が日本になかったのかを検証してみたい。

高度経済成長期のころ日本の洋菓子店では、高品質・高価格店間の競争と、低品質・低価格店間の競争が展開されていた。タカラブネはそこに品質のよい「生ケーキ」をポピュラーな価格で販売する戦略で殴り込みをかけ、毎週のように店舗を拡大していた。ただし生ケーキと言っても「生クリームケーキ」ではない。植物性油脂をつかった「ホイップクリームケーキ」である。タカラブネ内部ではこのケーキを「半生ケーキ」と呼んでいた。

佐良直美のCMソング

テレビにはタカラブネのテレビCMソング「この街が好き」が流れていた。歌ったのは「世界は二人のために」（1967年）でレコード大賞新人賞、「いいじゃないか幸せならば」（1969年）でレコード大賞をとった佐良直美（1945年1月生まれ、東京都出身）である。佐良の歌う「世界は二人のために」は1968年の選抜高校野球大会の入場行進曲にもなった。「世界は二人のために」の作詞は山上路夫、作曲はいずみたく、「いいじゃないか幸せならば」の作詞は岩谷時子、作曲はいずみたくだった。圧倒的な自己肯定の歌詞と伸びやかな曲想から、高度経済成長期の高揚感を感じ取ることができる。歌詞の最後の「私の街のお菓子のお店　タカラブネ」というフレーズから、すべての街に店舗展開しようとしたタカラブネの勢いが見て取れる。

「この街が好き」　歌・佐良直美

1.　この街が好き　この街で生きてゆく
あなたがいて　私がいて
よく笑う友達がいる
この街が好き　この街で生きてゆく　タカラブネ
私の街のお菓子のお店　タカラブネ〜

2.　この街が好き　この道を歩いてる
角をまがり　坂をのぼり
父さんが帰ってくるよ
この道が好き　この道を歩いてる　タカラブネ

私の街のお菓子のお店　タカラブネ～

3．この風が好き　この風に吹かれてる
歌にのせて　夢をつめて
あの人が届けてくれたこの風が好き
この風に吹かれてる　タカラブネ
私の街のお菓子のお店　タカラブネ～

佐良直美はタカラブネの「チョコアイス」のテレビコマーシャルにも出ている。若い女性たちの喧騒をバックに、佐良が「タカラブネのチョコアイス」と話しかける。

最初のタカラブネのCMは「西陣織」という洋菓子だった。中村玉緒が出演した。「西陣織」はクリーム入りの小さなバームクーヘンを個包装した洋菓子である。シュークリームのCMや、若い女性が自然のなかで語るシューアイスのCMもあった。

60年安保闘争を京都大学吉田分校自治会委員長として闘った新開純也は、高度経済成長に浮かれる世間から背を向け社会変革運動を展開してきたが、１９７０年代に入ると運動に限界を感じるようになり、１９７６年、京大学生運動仲間の野口修が専務を務めるタカラブネに入社することになる。修はタカラブネ創業家の末弟だった。新開がタカラブネ社長としてこの会社の幕を引くのはそれから27年後の２００３年のことだが、当時は誰もタカラブネの順風満帆ぶりに疑いを挟むものはいなかった。

新開純也がタカラブネに入社する3年前、東京でコンビニエンスストア第1号店が産声を上げた。1970年代は、のちに消費革命と呼ばれるある種の運動の渦が巨大化する端緒となる時代だった。

私が大学に入学した1973年には、まだ学内に70年安保闘争の余波が感じられた。前年2月には武装した連合赤軍による「あさま山荘事件」が起こり、世論は過激化・暴力化する当時の左翼学生運動から距離を置き始めていた。新開純也がタカラブネに入社するのはこうしたタイミングだったのである。

学生アルバイト矢田基

タカラブネ本社（京都府久御山町）の営業担当だった矢田基（はじめ）に、創業者の野口五郎会長がサイン入りの自著を渡した。サインには「野口五郎　一九八〇　七　一〇　矢田基様」とある。本の表紙にはタカラブネのケーキを真ん中に微笑む母子の写真が使われている。書名は『新　走れつっ走れわが店タカラブネ号航海記　第4弾』（非売品）、著者は野口五郎、1980年6月15日に商業界より出版された本だった。前年の1979年10月、タカラブネのチェーン店は600店に膨れ上がっていた。同年12月には資本金を6億7000万円に増資、京都証券取引所、大阪証券取引所第2部に株式上場した。この頃が一番企業として勢いのあった時期かもしれない。

矢田基は学生時代にタカラブネ「ジャスコ八事(やごと)店」（現在のイオン八事店・名古屋市）でアルバイトをしていた。矢田はこう語っている。

お店の店長の方から店舗の開店セールの仕事を専門にする「開店タスク（タスクフォース）」をしないかと要請されて、開店セールの仕事（開店セール前日の準備、店舗の什器類の作動確認、掃除、別便で納品される包装紙、箱等の全ての副資材の納品受け入れ、店舗内への配置セットと翌日から販売する大量の洋生菓子、焼き菓子類の受け入れ。ストック場所の確保、そして二日間の開店セール）、その後の「業務指導」をするようになりました。中部本部で約二〇人位のタスクアルバイトがいました。でも、業務指導ができるのは、数人でした。開店セールの客単価は約七〇〇から八〇〇円位で、良く売れた店舗は一日に約一〇〇万円位。営業時間は、路面店だと朝九時から夜の二一時まで。食事（店内の倉庫で弁当等）とトイレが休憩時間。水分補給は、洋生菓子用の冷蔵庫内にタスクリーダーが確保。若い時だからできたアルバイトでした。

『新　走れつっ走れ　わが店タカラブネ号航海記　第4弾』（非売品・1980年）

学生バイトとしては大変スキルのいる仕事だったが、矢田の誠実な人柄もプラスに働き、店主たちには好評だった。毎週のように店舗が増えていくため、学業との両立は困難を極めた。卒業後、矢田はそのまま正社員としてタカラブネ営業部に配属される。野口五郎会長の薫陶を受け、朝から晩まで、土日もなく働き続けた。有給取得はゼロ、のちに結婚する妻からは「母子家庭だった」と言われた。3人の子どもを授かったが、学校行事に参加したことは一度もない。この矢田は後にタカラブネ労組の幹部になるのだが、それは6~8幕で書くことにする。

「二十一世紀音頭」

タカラブネCMソングを歌った佐良直美には「二十一世紀音頭」という歌がある。発売は1970年で、31年後の21世紀(2001年)のことを歌っている。テンポの良い曲なので、盆踊りソングにもなった。

「二十一世紀音頭」

歌・佐良直美

これから三十一年経てば　この世は二十一世紀

その時二人はどうしているの　やっぱり愛しているかしら（ハッ）
※二十一世紀の夜明けはちかい
これから三十一年経って　この世はどうなっているの
火星に金星　遠くの星に　旅行に出かけているかしら（ハッ）
（※繰り返し）
これから三十一年経てば　地球も変わっているでしょう
誰でもみんなが幸せになり　平和に暮らしているかしら（ハッ）
（※繰り返し）

タカラブネのCMに出演しているのは、佐良直美以外にも、十朱幸代や泉谷しげるなどが確認できる。１９８０年代、タカラブネ絶頂期のことである。しかし、その絶頂期にタカラブネには労働者の反乱と五郎の死という試練が襲う。絶頂と凋落とはまさに紙一重なのだと感じる。

高度経済成長を謳歌している人びとは、間違いなく21世紀は豊かで平和な社会、幸せな世の中になっていると信じていたことが歌からもわかる。佐良の歌う「世界は二人のために」や「いいじゃないか幸せならば」「二十一世紀音頭」が、野口五郎主導で拡大路線を走り出したタカラブネそのものに見えたとしても不思議ではない。佐良がCMに抜擢された理由はそんなところにあるかもしれない。しかし、「二十一世紀音頭」が想定した時代は、残念ながらタカラブネにとっても日本にとっても苦難な時代の幕開けとなったのである。

「12月になるとパートに行きました」

タカラブネの最盛期、本社工場のあった京都府久世郡久御山町佐山の女性たちは、パート労働者としてタカラブネに雇われた。２０２３年5月、取材のため久御山町に入った時に、彼女たちにインタビューすることができた。すでに70歳を超えた女性たちは、懐かしそうに当時の様子を語ってくれた。

「工場に入る前、風の吹く部屋で消毒させられました」

最新設備の消毒用の設備が入り口に設置してあったことがわかる。

「安い値段でタカラブネのお菓子を買えるので嬉しかった」

本社正門近くにあった一般向け店舗とは別に、崩れた菓子や穴の開いたシュークリームなどを従業員向けに格安で提供する店が工場敷地内にあった。

「毎年12月になるとパートに行きました」

クリスマス用ケーキはベルトコンベアではつくれないので、どうしても人手がいる。そのために12月になると、臨時パート募集があった。女性たちにとっては家計を助けるための年末の稼ぎとなった。臨時パートは労組には入らなかった。

「何百人もパートがいました。いやな思い出はありません」

臨時パートとは別に、1年間を通して雇われているパートもあった。ただ、菓子類は夏にはあまり売れないので、夏のパートは少なくなる。こうしたパートは労組に全員加入（ユニオン・ショップ）していた。

「正社員（レギュラー）の男の人を知っています」

最初は「あまり覚えていない」と話していたが、連鎖反応するように記憶がよみがえってきたらしい。「今度はその男の人のところに連れて行ってください」とお願いすると、快諾してくれた。この時に紹介された「男の人」・近藤芳次さんは当時の写真や資料などを保管しておられた。近藤さんの証言については、「4幕　ペガサスクラブ」「5幕　社内誌『ヤングパッション』」において詳細に紹介したい。

「近鉄大久保駅踏切事件」

タカラブネのCMソングが流れていた1980年代、東京都庁を辞めた私は京都府城陽市の公立中学校に赴任する。その学校は校内暴力のまっただなかにあった。乱暴狼藉を働く男子たちの指導は困難を極めたが、大人社会のルールに抗う彼らには頼もしさも感じた。私は彼らの暴力を諫めつつも、彼らのエネルギーに若い力を感じていたのである。それは20歳台後半になった私が失っていたものだったかもしれない。

夜になると私は、担任をしていたリーダー格の義男（仮名）の家をほぼ毎晩訪問した。100キロを超える巨漢の彼は、私が顧問をつとめる柔道部の有力選手だった。義男の母は小料理屋をしており、夕方からは不在だった。母と同居している「おいちゃん」の薬指は欠けていたが、気のいい人で私の訪問を歓迎してくれた。少年院から戻り立ち直ろうとしていた寡黙な兄は、不在なことが多かった。すえた匂いのする義男の部屋には常時5、6人の男子が集まっていた。他校の生徒もいた。彼らの吸う煙草をとり上げながらも、私は聞き役に回った。窃盗や恐喝の話もあったが、圧倒的に多かったのは憧れの女の子のことだった。義男が焦がれる女の子は学力も高く、義男を叱ることもできた。

「○○○は俺のことなんか相手にしてくれんやろな」

「そんなことない。ただ、今のおまえではなあ……」

学校ではぜったいできない、他愛のない話だった。彼らは大人の説教を嫌った。そして教師がどんな生き方をしているのかを瞬時に見抜いた。私は彼らにとって恥ずかしくない人間になりたいと思っていた。

現在は高架になったが、当時近鉄大久保駅（京都府宇治市）南西に狭い小さな踏切があった。早朝、私は車でその踏切を通り学校に通勤していた。初夏だったと思う。クーラーのない車は蒸し暑かったので、窓は開けていた。踏切に入った直後、反対側から対向車が飛び込んで来た。大型の外車だった。運転していたのは丸坊主の中年男で、横に若い女性が乗っていた。2台の車がすれ違うことができないので、私は手でその車に下がるように指示を出した。私が先に踏切に入ったのだから当然のことだと思ったからだ。男は何か大声で叫んでいた。

カンカンカンカン……と踏切の警報器が鳴り出した。電車が近づいて来たのだ。男の車が下がりそうにないので、仕方なく私はバックギアを入れた。私の車が下がって止まると、横に外車が進んできて停止した。太ったいかつい男が降りて来た。身長は私より頭一つほど高かった。私の車の右側に立つと、いきなり座っている私の右頬を殴った。（このままではまずい）と感じた私は、車のドアを開け外に出た。怒鳴っていた男の両手首を抑え、「暴力はやめてほしい」と語りかけた。

「放せ！　放せ！」と男の怒声は止まない。

「放すのはいいけど、殴るのはやめてくれないか」

私は強く握りながら言った。痛かったのだろう、男の顔がゆがんだ。

「わかったから、放せ！」

手を離した途端、男は私の左頬にフックを入れた。両頬を殴られたことになる。この時点で私のなかの何かが切れた。私は男の鼻に正拳を突いていた。正拳は湾曲するフックとは違い、体重がまともにかかる。男の鼻の骨が折れた感じが伝わってきた。男は崩れるように私の車に倒れかかった。大量の鼻血が出ていた。私は踏切を後にした。

学校に出勤すると駐車場に校長先生と同じ学年の女性の教師が待っていた。生徒たちも駆け寄ってきた。怪訝な思いで車を降りると、どこで調達したのか女性の教師は雑巾を持ち、私の車を拭き出した。義男やその仲間たちも、にやにやしながら車を拭いてくれた。巾50センチほどの赤黒い血が車に付着していたからだ。私は校長室に呼ばれ、朝の顛末を話した。

「相手の人は交番に駆け込んだそうです。たぶん横にいた人が君の車のナンバーを記録していたのだと思います」

「警察は何と言っているのですか?」

「相手もケンカだと言っていますし、示談にしてくださいとのことですよ」

「そんな〜、2発殴られてやり返したので正当防衛です」

「君は柔道の指導者、そういう言い訳は成り立たない。まっ、私と学年主任の先生にまかせておきなさい。何とかするから」。校長はきっぱりと言った。

「私が怪我をさせたのは、どんな人なのですか?」

「野口さんと言い、タカラブネの人で『三笠』というどら焼きの工場を久御山町でやっている人らしい」

そういえば近鉄小倉駅近くにあったタカラブネで「三笠」という名のお菓子を買ったことがあった。「野口」という名は脳裏に深く刻み込まれた。校長と学年主任は、その日の夕方に久御山町の工場に出向いた。私は学年主任の車の後部座席で待機した。一時間ほどして2人が戻ってきた。

「話はついた。工場には障害をもった私の教え子もいたよ。君の仕事ぶりもちゃんと話して来たからな」と校長。学年主任は、笑いながら「恩を感じたら、あの暴れる男子たちを卒業までしっかり面倒をみてくれや」と語った。どんな話になったのか、何度聞いても教えてくれなかった。

2023年4月20日の夕方、私は近鉄大久保駅近くにあるマクドナルドで、元タカラブネ営業部の矢田基、田中啓司と待ち合わせた。談笑した後、「近鉄大久保駅踏切事件」のことを話すと、「それは野口○○さんの息子さんだよ、きっと」と教えてくれた。タカラブネを創業した野口家については、「2幕　駄菓子屋からの出発」「4幕　ペガサスクラブ」までお待ちいただきたい。その前に

1幕で「近代日本と洋菓子」について述べたいと思う。タカラブネは偶発的に生まれ消えていった巨大チェーン店ではなく、近現代史のなかに位置付けられる存在だからである。

1幕　近代日本と洋菓子

タカラブネという洋菓子チェーン店の歴史（戦後史）を書いているのだが、その前提として、そもそもお菓子とは何か、洋菓子とは何かについて基礎的な知識を確認しておかねば、と考え1幕を設けることとした。歴史は研究者が深堀すればするほど、読者にとって陳腐で難解なものになってしまう。ならば平易に書けばいいかというと、それほど単純ではない。何よりも書き手にとってのある種の切実さ、なぜこれを書いているのかが読者に伝わらないと、無味乾燥な教科書にすぎなくなる。ここでは、「自分にとっての洋菓子」を常に意識して書き進めることにしよう。

菓子とは食事以外に食べる嗜好品で、甘いものが多いが、せんべいのように塩辛い菓子もある。洋食の最後に「デザート」として菓子や果物を食べる習慣は、レストランの普及に伴い戦後の日本に広がっていった。甘い菓子を「スイーツ」と呼び、果物をデザートと呼ぶ場合もある。

布袋寅泰とデザート

貧しかった私の少年期ではあったが、月に1回だけ叔母（母の妹）とレストランで食事をする機会があった。1960年代末のことである。ナイフとフォークの使い方を覚えたのもこの頃である。肉類をメインとするメニューに舌鼓を打ったが、レストランで最後に出て来るデザートには心が躍った。独身の叔母は、群馬県高崎市内のある高級キャバレー「クラブ銀座」の経理担当であり、このレストランはクラブ銀座の系列店だった。私は叔母がレストランで代金を支払っているのを見たことがない。

実質的なオーナーである夫と、その妻（ママ）の経営するクラブ銀座は、高度経済成長期の地方都市に咲いた夜の花園であり、公演をすませた芸能人たちが女性たちとのつかの間の喧騒を楽しんでいた。満州からの引揚者だったママは色白の女性で、ビキニ姿でプールサイドのリクライニングチェアに寝ころんでいたのを覚えている。のちにギタリストとして世界に躍り出る布袋寅泰は私より七歳年下だった。彼は、この夫婦の長男で妹が1人いた。マネージャーとして働いていたのは確かママの実弟で、現在の布袋によく似ていた。

叔母に連れていかれた布袋寅泰の家は、お手伝いさんのいる白亜の御殿だった。貿易商を営む布袋の父は韓国人で「柳川」と名乗っていた。布袋は母方の姓である。年始になると、私は布袋のママから3万円のお年玉をもらった。当時としては破格の額だった。ママは柔和な目で私を見つめ、皿に盛った洋菓子を出してくれた。叔母は私に高価な半ズボンを履かせ、布袋やママと出会わせた。叔母やママは布袋のことを「トモちゃん」と呼んでいたため、私もそう呼ぶようになった。乗馬やプールではしゃぐ、布袋と私の写真が残されている。私の洋菓子との出会いは、クラブ銀座と布袋寅泰とを抜きには語れない。

現在、本書執筆と同時並行するかたちで、1957年京都三条橋西で開店した、高級ナイトクラブ「ベラミ」について調べているのは、高崎のクラブ銀座での体験がベースとなっている。ベラミはホーム楽団を擁し、ピンクレディー、レイチャールズなどがベラミ楽団をバックに舞台に立ち、越路吹雪、加山雄三、奥村チヨ、欧陽菲菲、平尾昌晃、坂本九らがベラミ楽団の演奏でLPレコードを収録した。ベラミでの収録は一流アーティストであることの証だった。

南蛮菓子～戦国時代の超高級品

話を菓子の歴史に戻そう。菓子には和菓子と洋菓子とがある。豆大福や羊羹(ようかん)は和菓子であり、ケーキやクッキーは洋菓子と言われる。もともと和菓子なのだが、生クリームを餡の代わりに入れた和洋折衷の「どら焼き」もある。洋菓子の普及は明治以降のことだが、明治から300年ほど前の戦国時代に南蛮菓子という名で移入された時期があった。

日本人が知った最初の洋菓子は、戦国時代の南蛮菓子だった。2023年のNHK大河ドラマ「どうする家康」のなかで、この南蛮菓子をめぐるシーンがある。京都で手広く商売を営む三河出身の茶屋四郎次郎(中村勘九郎)が徳川家康(松本潤)の求めで、恐ろしいほど高価な南蛮菓子の金平糖（コンフェイト）を入手する。ポルトガル語のコンフェイトが語源とされ、意味は「糖菓」である。

さて、その茶屋四郎次郎が金平糖について、家康にこういう。

「南蛮人がわずかに持っているだけで、こんな一粒を買うのに山城を一つとも二つとも」

それほど高価だったということである。何よりも精製された白砂糖が目玉の飛び出る程値段が高かったことが背景にある。キリスト教の布教をスムーズにするため南蛮菓子を広めたという説もあるが、確認できていない。

なお、カステラも同じ時期に入ってきた南蛮菓子であるとされるが、現在はポルトガルから伝わった菓子を元に独自に日本で発展した。「和菓子」に分類されている。戦国時代にポルトガルより伝わった小麦の衣をつけた油揚げ料理が、今や和食の定番の「天ぷら」になったのと同じことなのだろう。

西川如見（忠英）『長崎夜話草』（※岩波文庫で読める）は江戸中期に京都の書店の求めで書かれたものだが、南蛮菓子について17種類をあげている。そのうち現在残っているのは、ボーロ、カルメラ、ビスカウト（ビスケット）、パンなどに過ぎない。これらの食品は日本人の嗜好にあい、連綿として続いたということだろう。

南蛮菓子は砂糖菓子の製法を伝え、江戸時代に白砂糖を使った和菓子（上菓子）創製の準備となった。白砂糖は貴重な輸入品だった。それ以前の「無糖時代」（白砂糖のない時代）は菓子には飴などで甘みをつけていたのだが、これが全部砂糖に置き換わったという点で、南蛮菓子の出現は一つの画期だった。白砂糖の甘みは何にも代えがたいほど美味なのである。

私が少年期（敗戦から10年）によく食べた氷砂糖は、白砂糖の結晶である。甘美な甘みに誘惑され何度も口に放り込んだのを覚えている。私がいま悩まされている虫歯は、少年期の白砂糖摂取にあるのではなかったかと思うと、痛みもまた歴史を語る手掛かりになる。

上菓子と駄菓子～江戸時代の菓子

江戸時代に入っても白砂糖（上白糖）はやはり高価であり、大名や高級武士が食べるものだった。白砂糖を使った高級菓子を「上菓子」と呼んだ。庶民が食べたのは、粗糖（未精製の砂糖）や国産の黒糖を使った「駄菓子」だった。駄菓子という言葉も江戸期から始まった。ただ庶民とはいっても、城下町に集う町人であり、農村部では駄菓子を売る店はなかった。というより、農村部の子どもたちはお金を手にしていなかった。戦後に広がる駄菓子は主に子ども用菓子だが、江戸期の駄菓子は庶民の菓子という意味だった。江戸時代には「雑菓子」「一文菓子」などとも呼ばれた。

都が京都から江戸に移っても、江戸幕府が開かれてから約百年間は文化の中心地は京都だった。江戸時代の俳諧論書である松江重頼編『毛吹草』１９３８年（１９８８年、岩波文庫）によれば、京都では庶民のために次のような菓子がつくられていたという。

冷泉通りの南蛮菓子、ミズカラ（昆布にて作る）、六条の煎餅、醒ヶ井の分餅、七条の編笠団子、油小路の饅頭、八幡の桂餅、北野の栗餅、愛宕の粽（ちまき）、御手洗団子、田中の鮓餅（すしもち）、山科の大仏餅、東福寺門前の地黄煎、稲荷の染団子。

一方、餅や団子、煎餅などではない、宮廷や上級武士の家庭で食された「上菓子」（上白糖）の文化が京都にはあった。茶道が盛んだった京都には、茶とともに出される「点心」があり、この点心が京菓子のルーツとなった。そのため見た目も映える鑑賞用京菓子が隆盛を迎えた。京菓子屋のなかには、成金もいたという。政治的には江戸に主導権を握られながらも、和菓子文化では江戸を凌駕していた。明治になり文明開化とともに洋菓子文化が日本に入って来るが、これを積極的に摂取したのも京都である。京菓子の歴史については、平井美津子さんにいろいろ教えていただいた。伝統とは常に新しいものを取り入れることなのかもしれない。

森永製菓の創業とカフェーの出現～明治・大正

明治になり、都市上流階級を中心に生活の西欧化が進むにつれ、洋菓子の輸入が急増した。輸入洋菓子は高価だったため、口にする人は少なかった。洋菓子の価格を下げるためには国産の洋菓子が出現せねばならなかった。

現在の銀座西6丁目にあった「米津凮月堂（よねづふうげつどう）」は1878年にアメリカ製ビスケット製造機を輸入し、製造・販売を始めた。米津凮月堂は自分の店で売るためのビスケット製造であり、その規模は小さかった。日本で初めて本格的な洋菓子生産が始まるのは、1899年に現在の東京・赤坂に創設された森永製菓（当初の名前は森永西洋菓子製造所）である。森永製菓はビスケットとドロップ、その後キャラメルの製造を始め、大量生産のできる菓子製造機を輸入し、次々に事業を拡大していった。森永製菓の成功により菓子製造会社は濫立期を迎える。時代は大正期となっていた。1916（大正5）年、明治製菓が創立される。当初の会社名は「東京菓子株式会社」だった。

1910年、コーヒーと洋菓子を飲食させるカフェーとして西銀座に開店したのが「カフェー・パウリスタ」である。客はコーヒーを飲みながら洋菓子を楽しみ、一時間余りも友人と談笑したり、読書に沈溺したりした。大正時代に流行した言葉に「銀ブラ」がある。「銀座をぶらぶらと散歩する」という意味である。銀座は東京に住む人びとにとって、コーヒーと洋菓子のある素敵な空間となっていた。カフェー・パウリスタは現在でも銀座で営業を続けている。「銀ブラ」のもう一つの意味に「銀座のブラジル移民」がある。大正期に隆盛期を迎えた日本からブラジルへの大量の移民のなかで、銀座で楽しむ知識人たちもいたのである。

カフェー・パウリスタの成功により、大正時代に入ると日本の主要都市にカフェーが出現していく。神田や早稲田の学生街のカフェーでは、コーヒー1杯が5銭であったため、学生の人気を集めた。学生はコーヒーを飲みながら洋菓子を食べ、友と議論し、一人になったら読書を楽しんだ。洋菓子需要の高まりのなかで、各会社は機械化による大量生産を目指すようになった。1910年洋菓子販売店として創業した不二家が、本格的に洋菓子製造に乗り出すのは昭和に入ってからである。不二家は戦後京都で創業したタカラブネと、「東の不二家、西のタカラブネ」と言われる程の壮絶なシェア争いをすることになるが、その話は5幕に書くことになる。その京都では1930年にリプトン三条店がオープンするが、紅茶文化が普及するのは戦後のことだった。紅茶の広がりもまた洋菓子の需要を喚起することになる。私の行きつけのケーキ店の先代は、リプトンの菓子職人だった。その店は丁寧な手作りケーキを今でも提供し続けている（終幕参照）。

植民地における砂糖生産の拡大

菓子に欠かすことの出来ない砂糖（サトウキビ）の本格的生産は、欧米列強の植民他（北アメリカ南部、キューバ、西インド諸島、ブラジルなど）のプランテーションで16世紀から始まった。働いていたのは、ヨーロッパからの年季奉公者や先住民（ネイティブ・アメリカン）たちである。しかし、彼らはマラリアや黄熱病への免疫力が弱かった。とりわけ先住民は大きな被害（人口急減）を受け、絶滅の危機と言われた。アフリカ人に白羽の矢（奴隷となり移住させること）が立ったのは、病気に強いという特徴を持っていたからでもある。

日本におけるサトウキビ生産は、薩摩藩が領有する南西諸島（沖縄と奄美大島）で行われていた。砂糖生産は薩摩藩の財政を支え、別の側面から言えば明治維新の原動力でもあった。近代になり洋菓子の普及とともに砂糖の需要が急拡大すると、領有した台湾や南洋群島（サイパンやテニアンなど）に移民（沖縄県出身が多かった）を送り込み、サトウキビが植えられていく。現在のサイパンやテニアンにはサトウキビ畑は少ない。日本移民が去り、農業は衰え、農地は荒れ地に戻っていったのである。
台湾は温暖でありサトウキビ栽培には適していたが、キューバや西インド諸島に比べれば栽培条件は最適ではなかった。劣るところを政府の支援と科学技術の導入で生産を拡大。表のように1929年には輸入依存から脱却し、日本は自給自足体制に移行する。

洋菓子の衰退と敗戦

1939年は日本精糖業成立以来最高の生産高となったが、増加はここまでだった。1937年日中全面戦争、1941年アジア太平洋戦争へと戦火が拡大、「ぜいたくは敵だ」のスローガンのもと、経済が統制されるようになった。菓子はもっともぜいたくなものとされたのである。1940年は糖価が公定価格となり、砂糖生産高は急落した。砂糖の売買は禁止され、砂糖を原料とする和洋菓子製造店は休業や廃業に追い込まれていく。こんな情勢にもかかわらず、軍御用達の菓子司にだけは砂糖が配給されていた。

1945年8月15日、敗戦。武装解除された日本に米軍が占領軍として上陸する。彼らは日本の子どもたちにチョコレートやチューインガムを投げ与えた。今ではアメリカ製の甘いだけのチョコレートは日本では好まれないが、当時の子どもたちは我先にとチョコレートを求めた。子どもたちがアメリカと日本との物量の差を、身をもって知るのは菓子類を媒介にした戦後体験からだった。菓子生産が経済の指標とされた。こうして菓子は逆説的ではあるが日本の戦後経済をけん引する存在となっていく。タカラブネの出発はこうして準備された。

若い女性たちはアメリカ兵に春を売ることで、豊かな生活を得ることを夢見た。彼女たちには瀟洒な家と奇麗な洋服、甘い菓子が与えられた。戦後多くの混血児たちが生まれていく背景には、敗者と勝者という区分け以上、圧倒的な富の格差が存在したのである。

実は、子どもや女性たちより一足早くアメリカの物量のすごさを体験したのは、太平洋戦争を戦っていた日本兵たちだった。津波のように襲いかかるアメリカ軍の大量の戦闘機、艦隊を目の当たりにした日本兵たちのほとんどは、補給路を断たれ餓死で亡くなっていった。フィリピンの戦場で日本軍の一兵卒として、飢餓状態のなかジャングルをさまよった体験を持つ巨大スーパーダイエーの創業者・中内㓛は、日米の圧倒的な兵站差を骨の髄まで知らされた。アジア太平洋戦争中、もっとも過酷な戦場はフィリピンだった。戦後中内はその流通こそが経済の中心と位置づけ、「流通革命」を主導する。

生き残った日本兵たちは、戦後日本の高度経済成長を支える企業家や従業員となり、戦場で見たアメリカの物量を模倣するかのように、アメリカ型の大量生産・大量消費社会へと日本を導いていく。それを牽引したのは、タカラブネ創業者・野口五郎も所属した渥美俊一が主宰するペガサスクラブ（4幕）だった。

表　日本の砂糖生産（1929-1940年）

単位・千ゼクル

年度	総生産量	台湾糖生産高	国内僧消費高
1929	15197	13151	14815
1931	15603	13487	14412
1933	13396	10562	14981
1935	19532	16094	17820
1937	20035	16789	18264
1939	27988	23643	21072
1940	22187	18879	18024

出典　守安正『お菓子の歴史（上）』より

2幕　駄菓子屋からの出発

昭和レトロ「駄菓子屋」

世界遺産・平等院に近い宇治橋通りに、「大阪屋マーケット」と名付けられた、小さな路地裏商店街がある。もとは1962年に建設されたものだが、時代の流れのなかで廃れてしまっていた。近年の観光客の増加を梃子にして、2019年に大阪屋マーケット再生プロジェクトが始動。「昭和レトロ」を前面に出した新しい店が出店するようになった。

マーケットの奥まったところに小さな駄菓子屋がある。駄菓子を懐かしむ中高年の観光客が多いのかと覗いてみたら、百円玉を手に握った地元の子どもたちがたくさん来店していた。1個10円や20円という価格のばら売りのお菓子が置いてあり、子どもたちは駄菓子選びを楽しんでいるようだった。

「はじめに」に書いたように、1952年、大阪府枚方市I町に駄菓子屋「ショップM」が開店した。夫を亡くした女性が始めた店だった。3年前の1949年、群馬県安中市松井田町で朝鮮人の軒先で木製のミカン箱に商品を置いた駄菓子屋が始まった。夫がレッド・パージで失職したため、子どもたちを飢えさせないために私の母が始めた店だった。それぞれの駄菓子屋が開店する事情は違っていたが、子どものいる女性が日銭を稼ぐための方策として、敗戦後の日本各地で雨後の筍のように駄菓子屋ができたのである。戦前にも駄菓子屋はあったが、敗戦後のように林立するという風ではなかった。駄菓子需要の高まりのなかで、駄菓子専門の問屋が成立する。問屋は駄菓子屋を開店したいという家があると、間取りなどを調べ、菓子を並べるビンやケースをトラックで運んできた。

私の母がやっていた駄菓子屋は、正式な名前はついていないと姉から聞いた。駄菓子だけではなく、かき氷や貸本、日用品、文具、下駄の鼻緒立てなどなんでもあった。母が考案した蒸しパンに「バター入り栄養パン」と名付けて販売したところ、飛ぶように売れたらしい。「バターを入れたらパンが膨らまず、本当はバターなしパンでしたよ」と、後年母はいたずらっぽい顔で話していた。明るい性格の母は地域の人たちから愛され、店は繁盛した。

当時の国内政治に目を向けよう。吉田茂内閣は1952年、破壊活動防止法を成立させ、「暴力主義的破壊活動」を行う団体を規制したり解散したりする権限を与えた公安調査庁が発足する。日本国憲法の成立に象徴される戦後の民主化が頓挫し、いわゆる「逆コース」の時代を迎える。労働者・学生・知識人たちは「破壊活動防止法は治安維持法の再来だ」と反対運動を展開した。公安調査庁は日本共産党への弾圧を強めていった。妙義山米軍基地反対闘争の先頭に立っていた私の父は、警察に徹底的にマークされた。父のいないときに、駄菓子屋を兼ねていた借家が「がさ入れ」されることもあった。父のメモや文書をとっさに店先の飴玉ガラス器のなかに隠したこともあったと姉から聞いた。

ほとんどの駄菓子屋はコンビニなどとの競争に負け、1980年代に姿を消していくが、枚方の「ショップM」は母から嫁へと引き継がれ、店主の病気の悪化を理由に店を閉じたのは2021年10月末のことだった。「ショップM」で育った娘さんはこう述懐している。

小学生の頃から店の手伝いをさせられて嫌だった。駄菓子屋の子から離れたかった娘です。昭和27年、7人兄弟で長男の父は23歳。末妹の叔母は10歳にもなってない。今思えば祖母も夫が亡くなり大変だったんだなぁと。

自分ひとりが忙しくしてるといつもボヤいてはいましたが、母から店を辞めたいと聞いた事はありません。町内会地蔵盆の菓子の袋詰め注文を毎年受け、小学校遠足で周辺の5校から買いにくる子ども達。大人になっても子ども連れで買いに来てくれるのが何よりの励みだと。店を辞める事はできないと思う責任感と生き甲斐。貯蓄を株式投資で運用。薄利なのに……。母の死後に姉とびっくりしました。

駄菓子屋「丸安堂」と「野口五郎商店」

タカラブネ創業者・野口五郎は1923年4月13日、野口安松、べん夫婦の五男として生まれた。べんは9人の子どもを産んだが、それがすべて男の子だった。上の兄4人は全員が亡くなったため、五郎は事実上の長兄となった。最後の男の子に修とつけたのは、学問をしっかり身につけてほしいという願いが込められていたのではないか。八郎を旧制中学に進学させるなど、最後の2人の男の子には教育を受けさせた。子どもの9人全員が男の子という、ある意味では異色の家庭に育った五郎の少年期は貧困の真っただ中にあった。

五郎は後年、『新　走れつっ走れ　わが店タカラブネ号航海記　第4弾』（1980年、非売品）のなかでこう書いている。

子供が多かったから貧乏であったのか、貧乏だから子供が沢山生まれたのか（昔は妊娠中絶が法律で禁止されていたので）、多分その両方が原因だと思うのだが、貧乏で子沢山であったのだから、わが家がこの諺にあるとおりの定石のひとつであったのであろう。加えて、父は指物職の職人であったが、職人には珍しい不器用者であった。

母が晩年、笑い話にして言うには、「お父さんは職人や言うても、仕事が下手糞で下手糞でいつもわてが鉋削り手伝うてあげるのえ。お父さんが削るのより、わてが削った方が上手なくらい、ホント。戸棚の戸はガタピシ、引出しはガタガタ、売れんがな。そりゃー苦労やったえ」

こんな甲斐性なしの父ではあったが、五郎の母は「お父さん、お父さん」とたてまつり、父は父で「仏の安さん」を自任するほど正義感が強く、大の無産党びいきだった。貧しいが、仲の良い一家だったのである。しかし、貧しさは一家を直撃した。父が天理教の教校（※宗教の教員養成学校）に入ることが決まり、母が一人で生活費を稼ぐことになった。長男の安男は職業軍人になって外地の京城（※現在のソウル）にいたし、次男の正男は腕のたつ職人だったが「女道楽」にあけくれていた。三郎は夭折し、四郎は松浦砂糖店に丁稚奉公に出されていた。母は金を稼ぐために、京都の遊郭「七条新地」で客を引き込む「引き手」「遣り手婆」と呼ばれる仕事をした。恥ずかしかったが、五郎は働き者の母を恨むことはなかった。

のちに野口一家は安男のいる朝鮮半島に渡る。天教の布教に行ったのかもしれない。まもなく敗戦。命からがら朝鮮半島から引揚げてきた野口一家の世帯主・野口安松（五郎の父）は京都市下京区櫛笥通七条上ル（現在の龍谷大平安高校グランドの裏手）の裏路地で「丸安堂」という駄菓子屋を開店する。

五郎は小学校卒業後、四郎のいる京都の砂糖問屋で12歳から7年間丁稚奉公として働いた。休日は盆と正月の2回だけだった。来る日も来る日も自転車の荷台にリヤカーを引っかけて、300キロの砂糖を積んで配達する仕事だった。20歳で応召され兵士となったが、どんな戦歴があるかはわからない。復員兵として京都駅に降り立った五郎は、甘いものに飢えていた人びとを見て、甘ければどんな菓子でも売れると確信する。自分には砂糖問屋として砂糖を仕入れるノウハウがある、と考えた。

五郎とその嫁・たか子、旧制中学生の八郎は父の営む丸安堂を手伝いながら、饅頭を仕入れ、小売店に販売する仕事をしていた。たか子との出会いは戦後のことだろう。五郎が饅頭を自転車に積み込んで帰ると、たか子と八郎が硫酸紙に包む。それが終わると五郎は再び饅頭を自転車に積み込み、小売店に卸すという商売である。五郎と八郎は二人三脚のように働いた。

1948年9月2日、駄菓子屋「丸安堂」を引継ぐかたちで、和菓子製造卸売業「野口五郎商店」が創業する。第1号商品は「そば餅」、ボリュームが多く甘い餅はよく売れた。次の商品「栗饅頭」は年末に発売された。なぜ9月に創業したのかには理由がある。この年の初夏、政府は配給米の一部を砂糖で代替した。このため、配給された砂糖が闇市などに流れ、砂糖相場が1キロ600円から80円に暴落した。五郎は砂糖を買い集めた。

京都はもともと伝統的な和菓子の店が多くあった。洋菓子店や、戦後は喫茶店文化も花開く街である。そんな京都で菓子屋としてやっていくためにどうしたらよいかと五郎は考えた。

「われわれは技術のない素人なんだ。しかも京都は伝統ある菓子の都である。その中で生き抜くには、次の二つのことに力を集中させるべきだ」「その一つは、製造を徹底的に機械化することです。よい菓子をつくる。より安く売る。そのためには製造設備の機械化こそ唯一の方法と考えたのです」「もう一つのことは、ズバリいって人間関係です。もともと商売というものは一人でできるものではありません。幾多の協力者が必要です。それはわたくしの場合、妻もそうですし弟もそうです。毎年入ってくる若い人達がみんなそうです」「これらの人から、わたくしという一人の男に生涯ついて離れまいぞ、と惚れさせるほどに、愛されることだと思いました」

（梅本浩志『タカラブネ騒動記　企業内クーデター』1984年、社会評論社）

野口五郎商店は近くの裏路地の長屋の一角のL字型の八畳ほど地面に、そば餅を1回に50個焼ける固定式木炭釜を設置した「工場」をつくった。弟の八郎と妻のたか子が餡をつくりへらを持つ。妻の背中には生まれたばかりの長男がいる。主力商品はそば饅頭（7割）と栗饅頭（3割）、五郎はセールスに走り廻る。セールスに行く前と帰ってきたあとは五郎もへらを持った。朝6時から夜12時までの労働であった。

野口五郎商店は、いわば野口五郎夫妻と八郎との強い絆で結ばれた店だった。豪放で明朗な五郎はセールスに向いていた。実務派で堅実な八郎は経理の人であった。この2人のタッグこそがのちのタカラブネの両輪である。この両輪は、楽天的な五郎には永遠不変のように見えた。それほど八郎を信頼していたのである。五郎の妻・たか子も八郎を頼った。このことが後にタカラブネのクーデター（7幕）につながるのだが、もちろん当人たちは何も知らない。

京屋菓子店（仏光寺）から株式会社「宝船屋」（新町松原）へ

創業の翌年（1949年）の春、新入社員が入ってきた。同年9月、創業一周年に京都市内中心部に近い、仏光寺油小路へ移転、「京屋菓子店」と名前を変えた。この仏光寺時代（3年間）に次々と新商品を発売した。実演販売で人気を博したどら焼きの一種「三笠」、「細雪」「紫宸殿」「京自慢」などである。商品数は10点、従業員は8人となった。翌1950年12月に仏光寺通から二筋下がった場所に松原店、翌々51年には千中店（上京区千本通）を開店したこの時期の野口五郎の戦略は販売網の拡大ではなく、「いかに機械化を進めて生産を軌道に乗せるか」であった。五郎は仏光寺時代を「生産を重点にした時代」と位置付けた。

1952年9月、野口五郎は資本金100万円を貯め、株式会社「宝船屋」を創設する。自宅と工場は新町松原に移転した。新工場（75坪）にはボイラーを設置、製餡機を導入し機械化を押し進めた。菓子を焼くレンジ釜も増設する。翌53年には工場を2倍に増設、トンネル釜を設置した。トンネル釜はベルトコンベアに乗った生菓子を焼きあげる機械で、大量生産には欠かせないと五郎は考えた。こうして家内工場として始まった野口五郎商店は、機械化された量産体制の工場を持つ宝船屋となったのである。

百貨店での「三笠」の実演販売

工場で生産された宝船屋の和菓子は、京都で「美味しく、甘く、安い」と評判をとっていたが、ブランドとしては確立されておらず、知名度が圧倒的に低かった。野口五郎は何としても有名百貨店に出店しようと、猛烈な売り込みをしかけた。京都の百貨店は高島屋、藤井大丸、丸物（まるぶつ）などがあったが、京都人にとってはなんといっても大丸が一番である。

五郎は京都の大丸百貨店での菓子「三笠」の実演即売会開催にこぎつけた。この実演販売は大ヒット、コーナー店となり「三笠焼きの宝船屋」という名前が広がっていく。1954年には近鉄百貨店・阿倍野店、同・上本町店にも出店、大阪に店を拡大した。

しかし順風満帆というわけにはいかない。百貨店側が利益を上げようと特売を要求したり、特売のため菓子の品質を落とすように指図してきたのである。当時は購買対象を富裕層から中間層にシフトさせた戦後の大衆型百貨店の全盛期で、百貨店側は取引先の価格設定に圧倒的な力を持っていた。五郎は独自の販売店を持たないことが、こうした不当な要求を生む土壌となっていることを痛感する。このことが後のタカラブネチェーンにつながる。

3幕　60年安保闘争のなかの京都大学

赤坂真理『愛と暴力の戦後とその後』

前にも述べたように、タカラブネは野口五郎と妻のたか子、八郎の三人四脚で大きくなった企業だった。大きな夢を語る五郎と、実務型の八郎はお互いがなくてはならない存在だった。無産党びいきで宗教にも走った不器用で、ある意味では至極誠実な父・安松は、五郎にとっては共感の多い人だった。八郎が安松をどう見ていたかはわからないが、おそらく反面教師のように感じていたのではないか。八郎は旧制中学に入学するほどの秀才ではあったが、社員からは「しぶちん」「堅物」と言われていた。五郎という太陽によって輝く月であると、自分の存在を理解していた節がある。

五郎が存命中は兄をたて、膨張するタカラブネの屋台骨を支えた。

八郎の下に末弟がいた。名前を修という。平安高校から京都大学に合格したほどの俊才で、大学入学後は学生運動（60年安保闘争）に身を投じるロマンチストだった。安松が五郎をかわいがったように、五郎は修を愛した。そんななか、八郎はある種の疎外感を覚えていたにちがいない。

熊本出身の青年・新開純也は京大に入学し、日本の歴史上最大の大衆運動・60年安保闘争の渦に巻き込まれていく。いや、その渦に飛び込んでいったという方が正確だろう。こうして新開は京大で野口修に出会うことになる。ここで60年安保闘争に揺れる京大に舞台を移し、野口修と新開純也、2人の青春の交錯をたどってみよう。

歴史教科書のなかで60年安保闘争は次のように書かれている。

> 1960年、自民党の岸信介内閣は、日米同盟を強化するために、日米安全保障条約（日米安保条約）を改訂しようとしました。社会党など野党はこれに激しく反対しました。それだけではなく、日米安保条約の破棄を求める運動が、全国に広がっていきました。
> 5月、衆議院で安保改定の強行採決の動きが強まると、これを民主主義への危機ととらえる声が高まりました。国会周辺は最大で30万人を超す人波で埋まりました。各地で、社会党・日本共産党や労働者・市民・学生によって、集会やデモ行進が行われました（安保闘争）。
>
> （『ともに学ぶ人間の歴史』２０２１年、学び舎）

私も執筆者としてかかわっている教科書に文句をいうのも気が引けるが、なんとも平坦な記述である。子ども時代に戦争を体験した大学生たちが「二度と戦争を起こしてはならない」「アメリカの戦争に巻き込まれてはならない」という強烈な思いのなかで、街頭に繰り出していった「強烈な青春体験」がこの文章からは伝わってこない。

赤坂真理は著書のなかで、60年安保闘争を学生として体験したある男性にこう吐露させている。読みながらなるほどと感じた。

「自分たちは、終戦の翌年の一九四六年に小学校一年生で、アメリカン・デモクラシーの純粋培養世代にあたるんですね。我々の世代は、誰しも、父親や母親に、『なぜ戦争を止められなかったのか』と詰め寄ったことが一度はある。それで親子喧嘩をするのが通過儀礼みたいなものだったんだ。それで岸が首相として出てきたときに、耐え難い不潔感を感じた」

（『愛と暴力の戦後とその後』）

岸とは岸信介のことであり、東条英機内閣で大臣となり、満州に利権を築いたA級戦犯である。岸の孫である安倍晋三が首相となり、安保法制を変え集団的自衛権容認へと転換させようとしたとき、60年安保闘争世代の「オールド・リベラリスト」たちが立ち上がったのはしごく当然のことだったのかもしれない。新開純也もその一人だった。

戦前の「教養主義」が花開いた新制大学

新開純也と私とは20歳近い年齢差がある。けれど、読んだ本や影響を受けた思想など、共鳴するところが多い。新開はアジェンダ・プロジェクトの講演（2022年9月13日）で、こう述べている。

高校時代には手あたり次第に文学書を読んだ。おもにヨーロッパの翻訳もので、トルストイ、ドストエフスキー、ツルゲーネフなどのロシア文学、スタンダールの『赤と黒』、ヘッセの『車輪の下』などがあった。漱石も好きだった。『三四郎』は田舎者の三四郎が東京に出て都会に触れるさまを田舎育ちの自分に重ねた。高校3年の夏休みに、大著『チボー家の人々』で第一次大戦前の反戦運動、ジャン・ジョレスの暗殺シーンなど感動しながら読んだことを覚えている。

京大に入った新開は、レーニン『何をなすべきか』『帝国主義論』などを次々に読んでいく。私の父は旧制五高から東京帝大経済学部に学んだ経歴を持つが、生前話をしていると私と同じ本を読んでいたことに驚いたことがある。これは後述するように、戦前からの「教養主義（的マルクス主義）」の流れが戦後のある時期まで続いていたからである。ところが、10歳下の大学の同窓生と話しても、話が嚙み合わない。どうやら「教養主義」が1980年代くらいを境に途切れたのではないか、そんな気がする。私の学生時代は1970年代中期だった。「マルクス『資本論』を読んでいない学生なんかいない」と本気で信じていた。私も乏しい財布から金を出し、『資本論』全巻を購入した。『資本論』は難解ではあったが、それを本箱に置いているだけで賢くなった気持ちがした。

竹内洋『教養主義の没落　変わりゆくエリート学生文化』（2003年、中公新書）という本には参考文献が24ページ、人名・事項索引もついており、新書のレベルを超えるまさに教養主義的な学術書である。題名は『教養主義の没落』とあるが、大正期に生まれた教養主義が旧制高校で学ぶエリート学生たちの心をとらえ、マルクス主義をも教養主義の主要部分として囲い込んでいったこと、治安維持法で弾圧された教養主義者たちが戦後の大学で教壇に立ち、教養主義を新制大学でまさに大衆化しつつ花開かせていく様子を生き生きと描いている。教養主義の舞台は旧制高校や新制大学であり、それを媒介したのは、戦前は岩波書店や改造社の本であり、戦後は『世界』や『中央公論』という総合誌だった。竹内はこう書いている。

エリート学生文化としての教養主義、あるいは教養主義的マルクス主義の覇権を考えるうえで大事なことは、第二次世界大戦後、一九五〇年代に教養主義の培養基だった旧制高校が廃止されることによって、教養主義が死んだわけではないということである。旧制高校は廃止されても旧制高校文化つまり教養主義あるいは教養主義的マルクス主義は生き延びた。

50年代の京大生～望田幸男と槌田劭(つちだたかし)

新開純也が京大に入学するのは1959年。その8年前の51年、京大の門をくぐったのが望田幸男（ドイツ近現代史研究者）である。望田の回想「青春の悔恨と学問への道」（『大原社会問題研究所雑誌』653号・2013年3月）をもとに1950年代前半の学生たちの様子をさぐってみよう。大学の教養主義的な雰囲気について、望月はこう書いている。

当時、京都大学では新制大学発足とともに、一般教養課程を二校地にわけ、二回生は吉田分校（旧三高）、一回生は京都南部の宇治分校に入れられた。……当時の学生の出身が新旧高校の混成であったことは、学生運動のあり方に影響なしとはいえない。それというのも、戦前の旧制高校生・大学生の大正教養主義への憧れがまだ息づいていたからである。……いわば世俗の権力への反発もふくめて「人生、いかに生きるべきか」という精神主義的問いが、学生運動や政治への参加（アンガージュマン）に、まだ通底していた時期なのである。

さらに1950年代初頭の京都における左翼リベラリズムの力について、望田は書く。この力は、1950年に蜷川虎三京都府知事を誕生させる源泉ともなった。

……甲府という封建的気風が濃い土地から京都に来た私が、まず驚いたのは、共産党とか左翼思想が大手を振っていることであった。戦前、滝川事件ののち、中井正一、能勢克男、久野収、新村猛、武谷三男らによる反ファシズム運動（雑誌『世界文化』発行などの運動）があり、その精神は、戦後京都における知識人・文化人のなかに生き続けていた。京大・立命大・同志社大などの教員スタッフに、マルクス主義者や左翼的学者が目立っていたのもその証左であろう。

1950年に勃発した朝鮮戦争は、宇治分校の京大1回生たちに強い衝撃を与えた。宇治分校は旧陸軍火薬製造所跡につくられ、警察予備隊（のちの自衛隊）駐屯地に隣接していた。戦争と平和の問題が切迫した課題として学生たちに提示されたのである。望田は続ける。

当時の学生運動のスローガンや行動様式を理解するには、同時期のコミンフォルムの動向とか国際的・国内的な革命理論や方針とのかかわりをぬきに語ることはできないだろう。だが、その理論や方針レベルの偏向や逸脱や「ゆがみ」（たとえば共産党第四回全国協議会における軍事方針の決定やその後の火炎瓶闘争、また山村工作隊の活動など）をふくめて、それらが学生たちに受け入れられたのは、朝鮮戦争をめぐる内外情勢の緊迫感があり、そのなかで平和や民主主義への彼らの気負いや使命感があったからだと思う。

望月より京大の3年先輩で数学者の森毅は宇治分校についてこんな思い出を述べている。

……宇治分校の方は、昔は火薬庫だったため、壁がむやみに厚くて天井が薄いという、なんだか変な建物。建物と建物の間に土手のような堤があり、爆発した時の衝撃が隣でなく、上に行くようになっていた。

（森毅『ボクの京大物語』1992年、福武書店）

さて、京大宇治分校自治会は、末川博立命館大学総長を呼んで「平和講演会」を開催する。講演後、「平和を語る会」の結成を学生に呼びかけたところ、ただちに100人を越える申し込みがあり、その後も加入者が続いたという。

1回生が終わろうとした1952年3月、望田は学校を離れて学外活動に専念することになった。ところが肺結核が再発し、3年以上学生運動から遠ざかることになる。そんな時、日本共産党の六全協が開催された。1955年のことである。六全協後の展開について、望田は学生たちの「青春に暗い影を投げかけた」と書く。

……それまでの極左冒険主義について自己批判がなされ、半非公然活動から公然活動への転換が行われた。それにともない、農村工作隊や都市における非公然活動など、さまざまな学外活動にたずさわっていた学生たちの多くが学園にもどってくることになった。私もそのひとりであった。ほぼ五〇年代の前半期に京大生の何人ぐらいが、こうした活動にたずさわっていたかはわからない。それは「相当数」としか私にはいえないが、この事実は、彼らの青春に暗い影を投げかけた。

望田幸男と私とのかかわりを少し述べておきたい。日中友好協会宇治支部（旧）のメンバーと同志社大学・望田教授の家を訪ねたのは、1989年7月頃だったと記憶している。同年6月に中国で起こった天安門事件に抗議する集会を宇治市内で開催するにあたって、望田に講演を依頼する目的での訪問だった。訪問の最後に「中国政府によって虐殺された人たちを追悼する曲を流したいのですが」と訊ねた私に、「良い曲がありますよ」と望田が手渡してくれたのが、モーツァルト「レクイエム」の入ったLPレコードだった。このレコードを返しそびれてしまい、数か月後レコードを持って望田の家に行き頭を下げた私に、望田は笑顔で「ありがとう」と言ってくれた。穏やかな人柄を思い出す。私たちの訪問の前年望田は『ふたつの近代　ドイツと日本はどう違うか』（1988年、朝日選書）を、翌年には『ナチス追及　ドイツの戦後』（1990年、講談社現代新書）を相次いで上梓するなど、ナチスドイツについての著名な研究者だった。望田は2023年1月6日に亡くなった。92歳だった。

望田幸男の京大入学から3年後の1954年4月、槌田劭（つちだたかし）が理学部の門をくぐる。槌田の父・龍太郎（大阪大学教授）は1950年代末に展開された、京都大学宇治原子炉反対運動の理論的リーダーだった。父は息子に「世の中の流れに右往左往するような学問をしても仕方がない。どのような世の中においても変わらない真実を学ぶことが大事だ」と言ったという。槌田が京大入学後、学生運動をしていたら翌年六全協が開かれた。このあたりの槌田の感想は望田とは少し違っている。

第六回全国協議会。共産党が火炎瓶を投げる暴力革命の路線をとっていたのですが、その路線を放棄して道筋を変えたのです。分裂しやせ細っていたが、その分裂・対立を解消して穏健路線をというわけです。経済要求、つまり諸要求貫徹路線によって議会で多数になって政治を変えるのだというわけです。一九五五年、昭和三〇年のことです。それまで私が持っていた共産主義の夢は、これは一体何だったのだというわけです。私は臆病ですから火炎瓶を投げるようなことに賛成したことはありません。しかし、貧困の理不尽は許せない。貧富格差を生み出す資本主義は打倒すべきだ。ユートピアン社会主義っていうか、そういう社会主義の夢を、これも父親から植え付けられております。

（槌田劭『滅びゆく工業化社会の先にあるものは』2004年、槌田さん講演会開催事務局）

槌田は理学部卒業後ピッツバーグ大学に留学し、その後京大工学部助教授となるが、反原発運動の理論的リーダーとして活動する。京大を辞職後、精華大学に移る。研究者・実践家として環境問題、反原発運動にその生涯をかける。槌田の著書『地球をこわさない生き方の本』（1990年、岩波ジュニア新書）は、中学校や高校での環境教育のテキストとして版を重ねている。

2023年の年賀状に私は槌田劭のことを書いている。

年齢を重ねるなかで、どのようにしたら「素敵な年配者」になれるかなあと考えます。目標は槌田劭さん（岩波ジュニア新書・『地球をこわさない生き方の本』著者）です。人生のラストの二〇年。心地よい時間と空間を共有できる人と過ごしたいな。無理しないで。

京大自治会・同学会委員長・野口修

野口家の九男・修は1957年4月、京都大学哲学科の門をくぐった。学費は五郎が工面したのであろう。野口家で大学まで進んだのは修一人である。人柄はおおらかでスポーツマン、一方哲学科を選択することからわかるように、思想の人、思索の人でもあった。当時の大学はマルクス主義の全盛期で、修も当然マルクスを読んでいた。300万人の日本人が亡くなり、2000万人のアジアの人々が命を奪われたあの戦争に、命がけで反対した日本共産党と、その支柱となった理論であるマルクス主義は知識人たちの尊敬を集め、大学ではそれが一つの強固な権威となっていた。

だが大学で圧倒的な影響力をもっていた日本共産党は「50年問題」[*1]という党分裂の渦中にあった。党が統一を回復していく過程で、除名者や脱退者が1958年に結成したのが「共産主義者同盟（ブンド）」だった。修もブンドの一員となる。ブンドは安保条約改定を強行する岸信介政権を強烈に批判するとともに、日本共産党をスターリン主義の党と断定し激しく攻撃した。日本共産党もブンドを極左冒険主義集団として厳しく批判した。野口修は、1957年2回生の時に京大の初代全学自治会・同学会委員長となった。

1955年、京大で滝川幸辰総長監禁事件が起こり同学会は解散させられていた。滝川は戦前の「滝川事件」(1933年)の当事者で、法学者として権力と対峙し学生たちの支持を集めたことで知られていた。しかし、この時は総長として学生と対立関係になっていた。同学会の再建に動いたのは北小路敏である。57年、野口修が同学会委員長になると、北小路は京大を飛び出し全学連書記長に就任、60年安保闘争の中心を担うようになっていく。

同学会委員長となった野口修は、京大学生部長・芦田譲治と対面する機会が多くなった。植物生理学を研究する学究肌の芦田は穏やかな性格で年若い修らと真面目に話し合った。時には激しく対立しつつも、胸襟を開いて話し合うこともあったという。1981年に芦田が亡くなると、タカラブネ経営陣の中枢にいた修は芦田への追悼文のなかでこう回想している。

たしか安保の年の4月26日の時計台前集会の前日だったと思うが、わたしは浅田隆治君(同学会書記長)と芦田さんを自宅にたずね、『大学は時計台前集会を認めないが、われわれとしては強行せざるをえない。わたしと浅田と高山(同学会議長)は処分を覚悟している。どうか警察導入の事態だけは避けてほしい』とお願いした。芦田さんは即座に『よっしゃ、わかった。ちゃんとやろう。警察の導入は絶対しない。教養諸君たちについては不問に付す』と約束してくれた。

いまの学生は、この挿話を非難してやまぬだろう。曰く、ボス交である。曰く、自ら処分を認めるとは何事であるか、と。けれどもまず後者についていえば、わたしたち学生のために無類の愛情をもって事に当たっている人が、ひとつの困難に遭遇しているとき、その困難が強いる現実の圧力の一部を自分たちで引き受けるというのは、相手に対する一種の礼儀であるし、またそうした共感を通じてのみ困難が少しずつ解決されていくことは、社会のなかによくみられることなのである。事実、安保反対運動の歴史的な高揚が背景にあったとはいえ、以来この種の集会に対して大学当局は『告示』で禁止を通達するだけになったのだから。

（梅本浩志『タカラブネ騒動記　企業内クーデター』1984年、社会評論社）

20数年後、タカラブネ経営の中枢を担っていた野口修は労組と激しく対立するが、やがて組合代表と心を開いて話し合う路線に転換する。学生時代の体験が修を突き動かしたのだろう。私も同様の場面に何度か出くわしたが、「胸襟を開く」ということが同じ人間として気持ちを通じ合わせることにつながることを実感する。

京大宇治分校自治会委員長・新開純也

京大に入学した1年生（教養部）は、まず旧陸軍火薬製造所跡地にあった宇治分校で学んだ。この宇治分校に自治会が設立される。その時の様子について、二木隆は『京大の石松、東大へゆく』（2010年、文芸春秋）において、こう描写している。二木は1959年京大医学部進学課程に入学、教養部のある宇治分校にいた。

教養部一年生は皆、現在京大防災研究所がある旧陸軍跡地で学んだ。そこはフェンス一枚を隔てて、陸上自衛隊宇治駐屯地と隣り合わせであった（※京大も自衛隊も旧陸軍火薬製造所跡地につくられた）。昼の講義で隊のラッパを聞くと限りなく眠くなるか、夜はこちらから「インターナショナル」を聞かせたものである。体育などでボールが向こう側に行ったり、向こうから来ても「や！　どうも」と声をかけ合ったりするのどかな風景もあった。

いささか汗ばむ一九五九（昭和三四）年五月の連休明け、夕方になると宇治分校の大講堂周辺がにわかに騒がしくなってきた。隣の陸自グラウンドの前にも人が集まり、砂ぼこりすら立っていた。

「なんですかこれは？」と訊くと、学年の上らしい男が「宇治分校自治会の設立集会だよ」と言う。後でわかったことだが、学生部の規約により一学期の始めに自治会をつくるか否かを集会で決するのである。成立すれば宇治分校自治会が発足して、学生部長の教授と交渉権を持てるようになる。

その場には千五百人はいたであろうか。接触の悪いハンドマイクはたちまちボツとなり、司会の男が首に青筋を立てながら自治会設立の要を訴え、岸政権による安保成立を粉砕するためにも、ぜひ自治会を例年どおり（※ママ）設立してほしいという旨であった。

今にして思えば、この甲高い声の白鳥は、京大ブンド（共産主義者同盟）の総帥、今泉正臣氏であった。二〇〇〇年秋に島成郎の青山での葬儀で、お互いに「よう！」と声をかけ合った京大医学部の三年先輩の大ボスであった。

二木は今泉の訴えに共感し、自治会成立賛成の演説を行った。こうして宇治分校自治会は発足した。集会後、講堂に残ったのは10人近い学生だった。今泉は「日帝、米帝による安保改定の策謀が進行する中、本日、宇治分校自治会が諸君らの手でここに成立したのは、画期的なことと考えるべきである」と語り出し、二木らに自治会のクラス委員に立候補するよう要請したのである。そのなかに新開純也もいたと二木は著書のなかで回想している。新開は宇治分校自治会の委員長となり、吉田分校の野口修と出会うことになる。

ノンフィクション作家の佐野眞一は、全学連委員長・唐牛健太郎を調査するために京都のロシアレストラン「キエフ」で新開純也に会ったときのことを『唐牛伝　敗者の戦後漂流』(2018年、小学館文庫版)に書き残していた。私が新開と出会うのは2021年の宇治市長選挙のときであるが、それ以前に私は佐野眞一の著書のなかで新開を知っていたことになる。

唐牛にオルグされて学生運動に入った元京大ブンド書記長の新開純也は、唐牛の話が一段落すると、「甘粕正彦はぼくの遠い親戚にあたるんです」と言ったので、驚嘆した。

「甘粕さんの妹に璋子(たまこ)さんという人がいますね。彼女を僕はよく知っているです。というのは、璋子さんの旦那さんが僕の親父のいとこなんです」

――璋子さんの旦那さんとは、戦後、熊本市長になる星子敏雄ですね。

「満州時代は岸信介の子分でした」

――星子敏雄は満州国警務局長でしたからね。ところでお父さんは満州で何をやっていたんですか。

「奉天（現・瀋陽）で教師をやっていました。その後、兵隊にとられてソ連の捕虜になり、シベリア送りになりました。だから、おふくろうは僕と二つ上の兄と三つ下の妹の三人をされて佐世保に引き揚げてきたんです」

新開純也と知遇を得たことが本書執筆の最大の契機だが、『唐牛伝』以上のことを新開が話すことはなかった。そんなとき、前述したように、2022年9月13日に「新開純也さんのお話を聞く会」が「ひと・まち交流館　京都」で開催（主催・アジェンダ・プロジェクト京都）されることを知り、早速申し込んだ。講演会当日に主催者から配布されたA４判14枚を抜粋するかたちで新開について紹介してみたい。

まずはプロフィールである。

1941年　満洲奉天（現・瀋陽）で生まれる。終戦後、兄（2歳上）、妹（3歳下）とともに母に連れられて（父は教師、軍役にとられてシベリア抑留）父の郷里熊本県鹿本郡田村（現・山鹿市）へ引揚げ。

1959年　県立鹿本高校卒、京大文学部入学、文学部国史学科中退。
1960年　安保闘争に参加、吉田分校（1回生・宇治分校、2回生・吉田分校）自治会委員長。
　　　　共産主義者同盟（第1次ブンド）に参加。
1961年　同学会委員長。関西ブンド創立に参加。第2次ブンドに参加。
1976年　（株）タカラブネに就職。
1992年　タカラブネ社長（10年間）
2006年　「反戦・反貧困・反差別共同行動」創設に参加。
現　在　「反戦共同」世話人、NPO法人「きずな」理事長、「ミュニシパリズム京都」
　　　　共同代表、「情況」社取締役等。

新開純也の故郷は、「熊本の阿蘇と有明海の間に広がる菊池平野、鹿本郡田村（現・山鹿市）」「阿蘇の山並みを遠くに、川が流れ、田んぼが広がるのどかな田舎」だった。生家は代々地主階級で父方、母方の祖父はいずれも村長をつとめた。田舎の地主階級は同時に知識階級でもあり、農村の貧困や疲弊の現実を目の当たりにして左翼＝マルクス主義者になるものや、逆に下からの国家改造をめざす右翼的急進主義者になるものもいた。

新開は中学や高校では数学と歴史に関心があった。文学も好きで、ロシア文学や夏目漱石を愛した。高校には旧制高校の教養主義的雰囲気が残っていた。1959年4月、京大に合格して熊本を出た。教養部のある宇治では一浪して京大経済学部に入学した兄と一緒に下宿した。5月1日、メーデーで初デモを体験した。10月からは安保デモに皆勤するようになった。60年に京都大学国史学科に進学してからは一度も授業には出なかった。同級生には後に京都府立大学長になる井口和起がいた。井口とは今でも会うことがあるという。学問の道に進もうとする考えは新開にはなく、職業革命家になるのだと漫然と思っていた。1回生の頃、レーニンの『何をなすべきか』や『帝国主義論』を先輩のチューターを囲んでの学習会で読んだ。会場は黄檗山万福寺の塔頭だった。新開はブンドの加入書を書いた。唐牛健太郎ら全学連の指導者の演説を聞いたのもこの時期である。

1986年12月、3年前に癌で亡くなった唐牛健太郎の『唐牛健太郎追想集』が発刊された。編集後記に島成郎は「野口修、新開純也、篠田邦雄、奥田正一、東原吉伸、星山保雄、五島徳雄、加藤宏、広瀬昭らを初めとした多数の資金面での協力なしでは刊行は実現できませんでした」(傍線は筆者)と書き、当時タカラブネの経営中枢にいた野口と新開の名を冒頭に出している。どれほどの資金援助をしたのかはわからないが、追悼集刊行の成否のかかるほどの金額だったことは想像できる。

「壮大なゼロ」のなかで

1960年5月19日、岸信介内閣は安保条約改定案を衆議院で強行採決した。1か月後の6月19日までに参議院の議決がなくとも法案は自然成立する。この1か月間が、安保闘争が空前の盛り上がりを見せた時期だった。京都でも全国に呼応するかたちで、デモや集会が行われた。京大吉田分校自治会もストライキ決議をあげ、街頭カンパを運賃にあて国会へと集まった。唐牛健太郎らが指揮した6月15日の全学連の国会突入では、樺美智子が死去する事態となった。

6月19日（安保改定の自然成立）まで、学生たちは授業を放棄し街頭に出ていった。19日、国会前に30万人以上、全国では100万人を越える人々が安保反対の行動に立ち上がっていた。安保条約の調印式に参列する予定だったアメリカのアイゼンハワー大統領は来日を中止、岸信介は辞任を決意するなど、日米の権力者を瀬戸際まで追い詰めた。しかし、日本史上最大の闘争にもかかわらず、安保は自然成立する。闘争に立ち上がった人びとのなかに虚無感が広がり、それが「壮大なゼロ」と表現された。

60年安保闘争後、東京のブンドは瓦解したが、関西のブンドは一定の勢力を維持していた。しかし、日本は高度経済成長期に突入、池田隼人内閣は「所得倍増計画」を発表する。革命の客観的条件は急速に失われていく。1960年代から70年代にかけて、新左翼が内ゲバなどで支持を失っていくのと反比例するかたちで、日本共産党は党勢を伸長させていく。その武器となったのは機関紙『赤旗』の拡大だった。

新開純也は京大中退後も大学に残り、関西ブンドの中心メンバーとして安保闘争を指導した。その後も運動の指導者として、いわば職業革命家となっていた。「壮大なゼロ」後も理論を鍛え、仲間を組織し続けたのである。しかし、組織は分裂を繰り返し、内ゲバや連合赤軍事件など凄惨な暴力事件を引き起こす者もいた。人々の支持が離れていくのが新開には痛いほどわかった。こうして、新開の言葉を借りるならば「刀折れ、矢つきた」状態となった。新開が京大で2年先輩の野口修を頼り、上場企業・株式会社タカラブネに入社するのは1976年のことである。
老境になった新開純也はある座談会のなかでこう述べている。

新開　六〇年安保闘争は僕にとっては原点です。一時、私も浅田（※浅田隆治・公認会計士）さんと同じようにブルジョワ社会でいろいろやりましたが、それは引退し、結局は原点の政治運動、社会運動に戻ってきて、「老いの一徹」という格好で、またやっています。
四方（※四方八洲男　元綾部市長）　具体的にはどういう運動ですか。
新開　メインになるのは「反戦・反貧困・反差別　共同行動in京都」ですね。そこは新左翼の人も多いね。毎年円山公園で集会をやっている。そのなかで「三・一一」以降は小林圭二と反原発運動をやるとか。それにこの頃は共産党と一緒にやることも多い。共産党も変わってきていて、いいように変わってきているというか、牙を抜かれたとかいう人もいる。最近は一緒にやる局面が多いね。

（新開純也ほか『わが青春に悔いはなし　60年安保を語る』2023年、座談会冊子）

安保闘争が最高潮に達していた6月15日、東京の後楽園球場では阪神タイガース対国鉄スワローズ（現・ヤクルト）が対戦し数万人の観衆を集めていたし、当時流行していた各地のジャズ喫茶は若者であふれていた。また、ナイトクラブでは楽団をバックに流行歌手が歌っていた。政治の季節ではあったが、当然ながら経済や文化も回っていたのである。

＊１　外国からの干渉に端を発した党分裂を経験した日本共産党は、１９５５年の第6回全国協議会（六全協）を経て足かけ五年間の綱領論争（１９５７〜61年）の最中にあった。六全協とは、党の統一と団結を回復し、極左冒険主義放棄の道を歩んでいく契機となった会議である。１９６１年の第８回党大会で、日本共産党は民主主義革命を当面の任務とし、社会主義的変革にすすむという現在の党方針につながる綱領を確定した。それは外国からの干渉を排し自主独立の立場と、選挙を通じての平和的な多数者革命路線の表明でもあった。１９５０年代に起こったこうした困難な時期の問題を「50年問題」と呼んでいる。（拙著『歩いて歩いて歩いて　西本あつしがいた時代』２０２３年出版予定、群青社）

4幕　ペガサスクラブ

渥美俊一と野口五郎

野口修が60年安保闘争に青春の血をたぎらせているころ、兄・五郎はタカラブネをより大きな会社にしようと、日夜奮闘していた。1956年、五郎は雑誌『商業界』のセミナーに参加する。講師は渥美俊一（読売新聞の経営技術担当記者）。講演を聞いて、五郎は「神の啓示」のような衝撃を受けたという。渥美は1962年、チェーンストア経営研究団体「ペガサスクラブ」を創設することになる。63年に日本リテイリングセンター（チェーンストア経営専門コンサルティング会社）を設立。1969年にコンサルタント専業となり、読売新聞を退社した。1998年に『渥美俊一選集』全5巻を刊行したのは商業界だった。

渥美の講演やセミナー参加者（ダイエーの中内㓛、ジャスコの岡田卓也、イトーヨーカ堂の伊藤雅俊など多士済々）に感化された五郎は、卸売業から直販体制へと戦略の大転換を行う。それまでは売り上げに占める卸は7、直販は3だった。それを1年後の57年には3対7に逆転してしまったのである。卸を減らしたことで売り上げは激減したが、その分を直販店の拡大で補おうとした。この系列の直販店こそ、まさに渥美のいうチェーンストアである。五郎はまず直営店を京都市内とその周辺に開店した。１９５７年三条店、58年祇園店、59年宇治店、60年西陣店、61年納屋町店が次々につくられた。

ここでチェーンストアについて簡単に述べておこう。チェーンストアとは、アメリカで生まれた「チェーンストア理論」に基づいて展開された多店舗経営方式のことだ。単一資本で11店以上を持つ販売店網のことをチェーンストアと呼ぶ。チェーンストアではあらゆる権限を本社に集中させ、店は販売のみを担う。価格や店舗イメージを決めるのも本社である。こういういわば中央集権的な経営は、野口五郎の直情径行的な気質にも合っていた。

柴田隆介は『会社もけっこう面白い』（１９９０年、日本経済新聞社）のなかで、野口五郎と渥美俊一との関係についてこんなエピソードを披露している。京大学生運動上がりの柴田は30歳でタカラブネに就職した。まだ小さな会社だった頃である。元京大自治会委員長の野口修（野口家の九男）がタカラブネの製造部長をしていた。また文学部で学生運動をしていた南憲吉が経理部兼社長室長をしており、南が失業中の柴田に声をかけたのである。当時の社長は野口五郎。五郎はいわば創業者特権とやらで、独裁的にものごとを決めると柴田には映った。早速「社長機関説」論文を提出した。社長は組織のなかの一機関にすぎないという論文である。美濃部達吉の「天皇機関説」と同様の趣旨だったと思われる。五郎は京大出の柴田の論文に戸惑い、信奉していた渥美俊一に指導を依頼する。東京の事務所で、五郎と柴田は渥美に面会する。渥美のジャッジは、野口五郎社長は柴田を大事にすること、柴田には経営の才能があること、柴田は大人になること、だった。翌日、柴田は社長室員兼任となった。あまりに単純な話だが、こんなことが当時は本当にあったのである。

渥美俊一の設立した日本リテイリングセンター編著『チェーンストアのための必須単語1001（1995年版）』がある。タカラブネ社員に配布されたものである。13年前の1982年12月4日に野口五郎は亡くなっていたが、チェーンストア理論は連綿とタカラブネのなかに息づいていたことになる。

社会運動、社会革命とチェーンストア理論

渥美俊一はこう述べている。

チェーンストア産業づくりは、格差解消のための社会革命、社会運動だったということです。チェーンストアは、一部の特権階級のためだけではなく、国民大衆の八割が使う商品（エブリボディグッズ）、年三六五日のうち三〇〇日以上使われ続ける商品（エブリディグッズ）を提供し、日常の暮らしを守り育ててきました。昔もいまもいろいろな格差がありますが、消費生活で一〇〇円なら一〇〇円分、一万円なら一万円分、十万円分なら一〇万円分の同じレベ

ルの豊かな生活ができるチャンスを、チェーンストア産業が提供してきました。

（渥美俊一『流通革命の真実』２００７年、ダイヤモンド社）

このようにチェーンストア理論と社会革命論は親和性が高い。野口五郎は末弟・修が連れて来る学生運動上がりの元活動家を、積極的に会社に受け入れた。彼らは学生運動にのめり込んだのと同じ理屈でチェーンストア運動に邁進することになる。

柴田隆介は前著のなかで、タカラブネと唐牛健太郎について、こう語っている。

変わったところでは、ヒョンなことから、唐牛健太郎さんが入社することになった。今の若い人には、無縁の人だが、我々の世代にとっては、一種特別の人である。60年安保闘争の全学連委員長である。オレがワッショイワッショイとデモをやっていた頃の指導者である。

ある日、タカラブネに行くと、そこに唐牛さんが来ていた。オレは、初対面であった。酒焼けの顔に、坊主頭、セーターに長靴であった。これが、あの唐牛さんか、と思った。唐牛さんは、逮捕された後、ヨット事業とか何かをやって、更に、長くオホーツク海で漁師をやっていた。あの海域が減船減船に見舞われた時、多くの漁師が失業した。唐牛さんのように腕に技術のない漁師は、真っ先に失業した。

全学連の仲間達が、唐牛さんに仕事の世話をしようというので、京都へ呼んだらしい。

オレには仕事の世話をするなどという失礼な気は更々なかった。だから、誰かがオレに話を向けた時、そう言った。

「唐牛さんは自分で稼ぐべきだ」と。

柴田の一声で唐牛の入社はなくなったが、全学連とタカラブネの関係を示すエピソードではある。

経済社会研究会（ＫＳＫ）の動き

前節で「チェーンストア理論と社会革命論は親和性が高い」と書いたが、一方で60年安保闘争に危機感を抱いた財界人たちもいた。ソニー社長の盛田昭夫らが中心となり、30代から40代のオーナー社長が集まる「経済社会研究会」が発足する。いわば保守の側の研究会だった。

主要メンバーは、盛田昭夫（ソニー社長）、稲盛和夫（京セラ会長）、牛尾治郎（ウシオ電機社長）、佐治敬三（サントリー社長）、塚本幸一（ワコール社長）、柳瀬次郎（ヤナセ社長）、山田稔（ダイキン工業社長）、松園尚巳（ヤクルト社長）、渡辺晋（渡辺プロ社長）らであった。このうち異色なのは、渡辺晋である。沢田研二や森進一など大勢の芸能人をかかえる巨大プロダクションの社長の渡辺は社会経済研究会に集る財界人や財界人と関係のある保守政界人たちとのかかわりを深めていく。渡辺晋は毎年年末に東京都広尾の豪邸に政財界人たちを招き「歌う会」を開催した。この会はカラオケではなく、一流のバンドの生伴奏による「歌う会」である。会では天地真理や小柳ルミ子などナベプロのスターがビールをついで回ったという。

1976年12月の総選挙で自民党が惨敗したことをきっかけに、経済社会研究会の中核を担ってきた盛田昭夫は「保革逆転近し！」という情勢に強い危機感を持ち、自民党内の竹下登、宮沢喜一、安倍晋太郎、中川一郎、東電や新日鉄、三菱重工、トヨタ自動車など基幹産業幹部にもはかり、経済社会研究会のメンバーにも声をかけ、1977年8月に「自由社会研究会」ができた。自民党と対極にあった日本共産党は、17議席（前回は38議席）を獲得した。社会党は第2党として確固たる地位を占めていた。渡辺晋はこの会に誘われなかった。ナベプロはすでに衰退期に入っていたからである。このあたりの経過は、軍司貞則『ナベプロ帝国の興亡』（1995年、文春文庫）に詳しい。

自由社会研究会では月1回のペースで朝食会が開催され、政財界のメンバーが一堂に会して学習会を行ったらしい。マスコミにはいっさいの情報を流さなかった。自由社会研究会が政治家との関係を強めていくのに対し、流通革命を担うことになるタカラブネの野口五郎社長、理論的リーダーの渥美俊一らは見事に経済の人であった。

林周二『流通革命』

タカラブネよりもはるかに大きな規模で、高度経済成長期を席巻したスーパーマーケットがあった。中内㓛が神戸で起業したダイエーである。破綻したのは、タカラブネの会社再生法申請から2年後のことだった。佐野眞一は中内㓛について書いたノンフィクション『カリスマ』（1997年、日経BP社）のなかで、ダイエーをはじめとする小売業に決定的な影響を与えた、林周二『流通革命』（1962年、中公新書）について書いている。この本は、中央公論社が岩波新書に対抗して刊行した最初の数冊の一つで、高度経済成長期という時代のニーズに応えたからであろう、たちまちベストセラーとなった。『流通革命』が刊行された年は、林と同い年の渥美俊一がペガサスクラブを創設した年でもある。渥美が実践指南役としたら、それを理論的に支えたのが林だった。

ダイエーの創業の4年前、紀伊国屋スーパーが開店する。渥美俊一はこう語っている。

東京・青山に一九五三年（昭和二八年）開業で日本のスーパーマーケット第一号となった紀伊国屋はありましたが、当時から紀伊国屋は日本に駐留していたアメリカ軍人家族の人たちが行く高級食料品店で、よい店だと教わっても、人々には評価しにくかったのです。（※スーパーの）セルフサービスは対面売場、食品なら量り売りを否定します。ということは、一定量のリテイルパックを、あらかじめつくらねばなりません。

『流通革命の真実』（2007年、ダイヤモンド社）

林周二は同書のなかで、流通こそが生産の前提であることを何度も強調している。大量生産システムがあっても、流通がなければそれは絵にかいた餅にすぎない。流通という認識を欠いたソ連型機械制大工業が行き詰まることを、林は予見していたといえる。ただ、流通革命をあまりにもバラ色にとらえたため、格差が極限まで広がった今日の状況からすれば楽天的すぎるといわれるかもしれない。また、卸売りはなくならず、それなりの陣地はまだまだ築けているのである。

野口五郎は大量生産によりコストを下げるとともに高品質の菓子を均一供給、その菓子を販売するためのチェーンストアを展開するという戦略をとった。生産と小売りの一体化であり、タカラブネでは卸売りは省かれている。卸がなくなることで、低価格の商品を消費者に届けることが可能になると五郎は見ていたのである。

ペガサスクラブへの参加

1963年4月、野口五郎は京都市南部の伏見区淀に工場を移転、5000平方メートルの広大な敷地に近代的な設備の工場を建設した。工場には最新の菓子製造機を導入し、大量生産体制に入った。これだけの工場を稼働させようとすれば、それに見合った販売店の数がいる。チェーン店の急拡大が至上命令となった。

大量生産・大量販売体制を支えるには優秀な幹部社員や直営店の店長が必要になる。タカラブネは大卒新入社員の集団採用に踏み切った。弟・修を信頼していた五郎は、新入社員の思想的傾向は問わなかった。60年安保闘争が終わり「壮大なゼロ」を体験した若い人たちがタカラブネの門を叩いた。

1964年、タカラブネは直営店を14店持ち、年内に20店、翌年には30店に増やしていく計画を立てていた。五郎は増設店のうちの一部をフランチャイズ店にすることを考えていた。フランチャイズ店とは、本社と契約を結んだ個人事業主が本社の指示のもと自らの資本で運営する店のことである。本社と契約を結ぶことを「加盟」といい、加盟店と称されることもある。ただ、五郎の構想では社員の妻が経営するフランチャイズ店とするケースや、社員が独立してフランチャイズ店を持つなどのケースも想定しており、かなり幅のある構想だった。

1965年2月、タカラブネの幹部社員は全員、3年前に渥美俊一が創設したペガサスクラブのゼミナールに出席する。ここでこの年から入社した修たち幹部たちはフランチャイズシステムについて学んだ。修は有能な人材をスカウトする権限を与えられる。修が迎え入れたのは、学生運動の元活動家たちだった。五郎は彼らについて『商業界』のセミナーでこう語っている。得意満面の五郎の顔が浮かんでくるような気がする。

……いままでと異質の人材を企業に投入して経営にプラスアルファを加え、企業体質を変化させることを企画致しました。金額でいいますとトップクラス級の人材を五～六名加えました。それがエンタープライズ（※米軍の原子力空母）が入港して学生が騒ぎ出すと、同じように体中の血が騒ぐというような物騒な連中でして、そういう連中を迎えて俄然、わたし自身も血を大いに騒がせまして、張り切った訳であります。

フランチャイズと堤清二（辻井喬）

フランチャイズチェーンシステムをタカラブネに本格導入する中心となったのは野口修をはじめとする元関西ブンドの学生運動家たちだったことはすでに述べた。彼らを仮に「近代化派」と呼ぶとすれば、その近代化派が野口五郎社長のバックアップを受け、タカラブネ経営のヘゲモニーを握ったこととなる。

近代化派がタカラブネという会社に提起したのは、徹底的な原価管理だった。コンピュータのなかったこの時代、まずは伝票を正確に書き、伝票を集約し日報にまとめ、正確な数字を把握することで利益率を計算するという地味な作業こそが企業経営の中心となった。野口五郎は若い近代化派のやることを全面的に支えつつも、古い菓子職人の気質がぬけず、多少の戸惑いも持ち続けた。五郎の進める直営店方式では赤字が出た。何としてもフランチャイズチェーンシステムに移行しなければ未来はないと若いスタッフたちは考えるようになった。五郎もようやく納得するようになる。タカラブネは菓子屋から企業へと変貌を遂げようとしていた。

1960年代はベトナム反戦運動が高揚した時期でもある。元学生運動家たちは企業経営に邁進しつつも、こうした世の中の動きには無関心ではなかった。野口五郎より世代的は少し上だが、一人の人物を紹介しよう。堤清二である。堤は東大経済学部在学中に学生運動に参加、日本共産党に入党する（のちに除名）。1954年父親の経営する西武百貨店に入社、1961年に西武百貨店を中心とするセゾングループの社長となる。堤は野口五郎同様、ペガサスクラブのメンバーでもあり、野口修たち近代化派の目標にもなっていた。

堤清二がスーパー「西友」やコンビニエンスストア「ファミリーマート」、「無印良品」などの新しい流通を目指したのは、学生運動時代の理想主義的精神がもたらしたものかもしれない。詩人や小説家としても知られ（ペンネーム・辻井喬）、バブル崩壊後の経営不振の責任をとって社長を退任した後は、リベラル派の立場から積極的な政治的発言も行い注目された。しかし、セゾングループはタカラブネ崩壊3年前の2000年に解体される。

私は辻井喬『心をつなぐ左翼の言葉』（2009年、かもがわ出版）出版記念講演会に参加したことがある。もの静かな老革命家の風貌だったのを記憶している。同書のなかで辻井（堤）はこう書いている。

> たとえば世の中には「知の所有者」たちがいる。いわゆる知識人ですね。彼らのなかには、共産主義の人もいるし、いわゆる社会民主主義の人もいる。保守主義者もいる。つまり、いろんなイデオロギーや世界観を持っていることでしょう。ところが、ぼくには、彼らの「知」というものが、自分の場合も含めて「大衆の言葉」になっていないんじゃないかという疑問がある。とりわけ明治期以降の日本の「知」のあり方、あるいは知識人の役割というものが少しおかしいんじゃないか、と。
>
> （中略）
>
> ぼくは、その原因のおおもとはには、「知の所有者」と呼ばれる者たちの言葉が、彼ら自

身の感性と一体になっていないことがあると思う。感性を通過した、自立した言葉じゃないからだろう、と。だから日本全体の問題として、近代日本の「知」というものの、トータルな意味で、「理論的には正しくても、相手の心に響かないというのでは意味がないんだ」と、ずっと申してきたんです。

辻井喬『心をつなぐ左翼の言葉』（２００９年、かもがわ出版）

堤清二のこの言葉は本書「3幕　60年安保闘争のなかの京都大学」で展開した、教養主義の問題とも通底する。

話をタカラブネに戻そう。１９６７年に新規オープンしたフランチャイズ14店はタカラブネの売り上げの上位を占めた。フランチャイズを中心とする店舗数は72年には１００店、74年には２００店、76年には３００店、78年には５００店、79年には６００店、１９８０年には７００店、82年には８００店と加速度的に増え、競合する不二家やコトブキ、文明堂などを抜き、菓子業界ナンバーワンなった。

60年安保闘争後、京大を退学したにもかかわらず学内に残って運動を続けていた新開純也がタカラブの暖簾をくぐるのは、他の学生運動上がりの幹部より10年遅い、１９７６年のことである。

野口一族のなかで、旧制中学卒の八郎は実務派の秀才だった。ただ、末弟の修が京都大学まで進んだため、学歴的には比べられないほどの差を、八郎は感じていたはずである。なまじっかプライドがあると、劣等感は悪意に転化しやすい。劣等感は修への反発につながり、それは近代化派への抵抗というかたちとなった。それでも伝票を中心とする原価管理なら、自分でもできる。いや、自分の方が向いている。だが八郎はわかっていなかった。タカラブネの拡大は、一つの運動であり、運動体として企業を見なければそれを組織できないことを……。原価管理とは実務の問題に矮小化されるものではなく、はじき出された数字をどう分析するか、市場調査や経済動向の把握など、マクロ的な視点を持つための、材料提供のためのものだったからである。

五郎が実権をにぎっているうちは、八郎はむしろ有能な実務家として近代化派とは協調していた。五郎同様、若い幹部たちが何を考えているのかは、正直わからなかった。五郎があけすけに自分の無智をさらすのに対して、中途半端にプライドの高い八郎は本人も制御できないほどに不満を蓄積させていく。

一方、ブンドのなかで運動論にすぐれた関西ブンドは水を得た魚のように、タカラブネという企業のなかで跳ね回った。なお、関西ブンドについては、「座談会・ブンドの結成と関西の学生運動」が、島成郎監修『戦後史の証言・ブンド（共産主義者同盟）』（１９９９年、批評社）に掲載されている。発言は島成郎、星宮煥生、佐野茂樹、坂根千代忠、記録は高沢皓司が担当した。

ホイップクリームの「発明」

洋菓子店のショーウィンドウを飾るのはケーキだ。見た目も美味しそうなケーキはお客に「贅沢な夢」を与える。しかし、生クリームは数時間しか保存がきかず、陳列するのはバタークリームケーキ（ケルンなど）のみだった。

1967年、タカラブネはホイップクリームの製造に成功する。このホイップクリームのケーキを大阪市の中心部・京阪電車京橋駅前オープンした店に陳列した。爆発的に売れて京橋店は全店舗売上トップに躍り出る。

生クリームケーキは暑い日などは数時間しか持たず、チェーン店での販売は不可能だと考えられていた。ところがタカラブネの開発チームは生クリームに使う動物性油脂を植物性油脂（カカオの搾りかす）に置き換えると、ケーキは数日間の保存がきくことがわかった。しかも経費は4分の1で済む。ホイップクリームケーキはタカラブネの主力商品となったのである。

ホイップクリームケーキの大ヒットを受け、1967年9月、淀工場は増築される。ベルトコンベアによる量産体制だけではなく、冷蔵技術を進化させ大量保存システムも構築していく。翌年、タカラブネは「株式会社宝船屋」から「株式会社タカラブネ」に社名を変更した。テレビコマーシャル（出演・中村玉緒）が開始されたのも同時期である。社員寮も建設、若い社員たち約250人が入寮した。

タカラブネによるケーキ販売は、街のケーキ屋にとって大打撃だった。もちろん美味しい生クリームケーキという点ではケーキ屋の方が優っている。しかし、価格的にタカラブネには太刀打ちできない。味とコストとのバランスという点での勝負に負けた、街のケーキ屋は次々に店を閉じていった。

タカラブネ関係者に話しを聞くと、ケーキは冬の売り上げが多かったが夏の商戦はシューアイスが席巻していた。このシューアイスに入れるアイスクリームを製造していたのは、下請けの大和アイス、現在のシャトレーゼだった。シャトレーゼは山梨県甲府で創業した菓子メーカー。郊外型店舗展開で伸長したアイスクリームや洋菓子の店を展開、タカラブネがホイップクリームケーキの製造・販売を始めた67年、大和アイスはシャトレーゼと社名を変更、駅近くに店舗を構えるタカラブネの競合相手となっていく。

久御山への移転と元学生運動家たち

1969年8月、淀工場は火災に見舞われ、タカラブネは主力工場を焼失する。当時50店になっていたタカラブネ店舗の供給をストップさせるわけにはいかない。幸い、工場焼失による損害は保険金で補うことができた。また淀工場内の冷凍庫にはケーキの在庫がある。ケーキの需要が少ない夏ならば凌ぐことが可能となる。夏の主力商品であるシューアイスについては、アイスクリームの供給先であるシャトレーゼに製造を依頼した。

さらに、野口五郎は同年11月に稼働させる予定だった大久保工場（京都府久御山町佐山）の開始を1か月前倒しすることによって、火災による事態を乗り切ろうとした。この五郎の決断を支えたのは修たち元京大学生運動家だった。タカラブネ経営陣は淀工場にかわって大久保工場を主力工場にすることとし、第一工場、第二工場を一気に建設させ、70年2月末には全工場を完成させるという文字通り突貫工事を行った。大久保工場は当時としては日本最大の菓子工場となったのである

（124ページに写真）。本社も淀から久御山に移転し、ここにタカラブネの拠点が確立する。修は製造部長として、兄五郎を支えた。

野口五郎が大久保工場でやろうとしていた品質管理と大量生産がどんなものであったかを示すルポルタージュがある。中岡哲郎『人間と労働の未来　技術進歩は何をもたらすか』（1970年、中公新書）である。このなかでタカラブネがT社という名で出て来るので紹介しよう。

……ここで製造されているものは菓子である。京都郊外T製菓の、日産、和菓子六万個、洋菓子三万個の一貫工場である。ラインの中心を占めている緑色の箱は菓子作りの生命である「菓子を焼く」かまどなのだ。それはトンネルがまと呼ばれており鋳鉄製のコンベアに乗った菓子が、このトンネルがまをとおりぬけるとすっかり焼き上がってくるのである。一基のトンネルがまは、まんじゅうなら一時間七〇〇〇個、洋菓子のスポンジ台なら五寸のデコレーションケーキ台三二〇個を焼き上げる能力を持っている。

久御山町の農家に生まれた近藤芳次（1951年生）は18～25歳まで大久保にあった宮本造園で働いた後、地元議員の紹介で1976年、タカラブネに入社した。正社員の採用は4人、他はすべてパート女性だった。配属されたのはシューアイスの生地を焼く本社（京都府久御山町）第二工場だった。大きな焼釜があり、その釜のなかをベルトコンベアで生地が通過する間に焼けるというシステムだった。焼き具合を調整するのが近藤の役目で熟練が必要だった。工場は途中1時間の点検を除くと、23時間フル稼働。夜は大学生がバイトに来ていたという。近藤の入社は久御山工場ができてから6年後のことになる。

この時期、タカラブネは「店数こそは利益」を合言葉に、老舗チェーンである不二家、あるいは同時代に展開していたコトブキ、長崎屋（ナガサキヤ）などと覇権争いを行っていた。修ら若い経営スタッフたちは、トロツキー「世界同時革命論」（革命の連鎖展開）をタカラブネチェーンの全国展開というふうにとらえなおし、いきいきと働いたのではないか。店舗数は1971年に100店、70年代終わりには700店に達した。近藤の入社はまさにこの時期だったのである。野口五郎は、「次は1000店をめざす」と息まいた。

修らはコンピュータをいち早く導入、年間100店の新設店の商品を管理するシステムを確立する。コンピュータがどのように使われたかについては、矢田基の次の証言が参考になるであろう。長くなるがほぼ全文を掲載する。


商品の品質、販売期間、ロスの管理は、各店毎で行っていました。私が入社してから会社が大きく変化した事を実感した事は、先ず、各店からの商品の注文方法、発注です。最初は、お店へ物流センターから閉店前に電話して注文を聞いていました。例えば九日夜に電話があり一一日納品分を注文。それが各店の普通のレジをポスレジ（POS Point of sales）が導入され、閉店後、レジから注文する方法に変更。ポスレジはセブンイレブンが最初に導入、時間毎に販売データを本部が把握して補充発注システム（発注がくる前に販売動向から注文量を予測して生産する)、データ分析して販売動向を把握。基本的にバーコード導入。でも、タカラブネでは、バーコードは導入できていません。

このシステム導入で、翌朝一に各工場、各物流センターに生産指示書、出荷伝票が届いていたと思います。各工場から各物流センターへの転送荷物量、コンテナ値から庸車、各地区物流センターから各店への荷姿、コンテナ値で庸車。タカラブネの各お店納品の車への積載は、今のコンビニのようなラック積載、お店毎の台車積載ではなく、バラ積みでした。ケーキコンテナ、シュークリームの網コンテナ等をガムテープやダンボール箱を利用して、運転手が店毎の印を付けて冷蔵アルミバントラックに満載して配送。運転席後部にアイス用の冷凍庫あり。ケーキなので車の振動や急ブレーキで破損が発生。運転手は配送コースの道の段差を熟知していました。

各店毎の売上、商品毎の出荷データはホストコンピュータに記録、各営業部のパソコンからアクセスしてデータを活用できるように加工して活用していました。エクセルで地区毎に商品のABCのランクをつけて分析、売れ筋を把握して売上下位店への発注指導。私が関西本部営業管理課へ移動した時に各地区営業部へ原価率を加味したABC分析を提示して販売オルグに活用してもらいました。各工場、各物流、各営業部を調整する部署で催事の売上目標、クリスマスデコの全社生産高を事前に会議で各営業部の意向を把握した上で、それに転送時の破損の予備量を加味して決めて、工場、購買部(資材)へ提示。全社の事が分かる部署で営業部しか経験のない私には、大変、勉強になりました。

梅本浩志は、修ら学生運動家が果たした役割をこう記している。

修たち若きスタッフたちは、それ（最新の学問）以外にも強力な武器を身につけていた。学生運動を体験していたことから、組織力、統率力、運動の展開推進力は抜群だった。情勢を分析し、流れを俊敏にとえら、最新の理論、思想、学説を加味しながら論理化し、それ実践して、直ちに総括して、次の方針に反映させていく。そうした能力は、学生運動非体験者の追随を許さないものであった。タカラブネ急成長の裏には、このような日本学生運動の形をかえた秀れた資産が存在していたのである。

（梅本浩志『企業内クーデタ　タカラブネ騒動記』）

関西ブンドのリーダー・新開純也の入社は、他のメンバーより10年以上遅れた、1976年のことである。のちにタカラブネ社長となる新開純也を迎える環境が整ったという側面と、新左翼運動内で内ゲバなどの暴力事件が発生し運動に限界を感じていた新開の心境とがマッチングしたということだろう。タカラブネは組織論・運動論に優れた関西ブンドの人材を得て、さらに基盤を固めていく。

1970年代はタカラブネ飛躍の10年間だった。70年代末には、店舗数1000店が見えてきた。この時期、駅前にあったタカラブネ店はスーパー内へと立地を変えていく。スーパーのイズミヤ、ダイエー、西友などの経営者は、野口五郎にとってペガサスクラブの友人たちだったため、出店は比較的スムーズにいった。主力商品はホイップクリームケーキである。

タカラブネの急速な店舗数増加を支えたのは、ケーキ、シュークリーム、シューアイス、エクレアなどのヒット商品である。リーズナブルな価格で魅力的な洋菓子が食べられるという戦略なしに、フランチャイズチェーンシステムは機能しない。流通の展開が新商品生産の起爆剤となった。

野口五郎と二人三脚でタカラブネを育てて来た八郎は、急速に規模を大きくするタカラブネの展開に戸惑いつつも、表面的には修らに協力していた。しかし、内面に不満を蓄積させていく。これが80年代半ばの企業内クーデターの遠因になるのだが、前だけを見ていた五郎と修は八郎の心中の変化にまったく気づかなかった。

5幕　社内誌『ヤングパッション』

社内誌『ヤングパッション』

久御山町在住の元タカラブネ社員近藤芳次宅に保管されていた月刊誌『ヤングパッション』（NO.154　1980年8月25日号）を紹介しよう。社内誌の一種で、発行は「株式会社タカラブネ社長室」、発行人は野口八郎、編集責任者は大村醇吉とある。編集後記に「J」の署名があるので実質的には大村醇吉が1人で、あるいは数人で編集したと思われる。

1970年代の大躍進時代を経て、タカラブネが巨大化している様子が、「人の動き」を通して見て取れる。新規採用44人は4か月の新人研修後、本社工場、中部工場、埼玉工場、食品研究所、技術部、関西本部、情報システム部、首都圏本部、物流センターに配属された。関西圏を席巻したタカラブネは、名古屋や東京への進出拠点となる工場をすでに建設し人員配置をはじめていたのだ。

24ページだての『ヤングパッション』の表紙は、菓子「エクレア」を持つ女性社員（1974年入社の井上敏子）である。彼女のうしろには本社工場内の最新大型機械が写っている。

本社工場の生産ラインに勤務する井上敏子はたぶんパート従業員だろう。同誌の「ガンバレお母さん」コーナーでは古川小学校（京都府城陽市）4年生の井上努少年のインタビューが掲載されている。

●お母さんが働くことに賛成ですか？　↓　まあ賛成です。
●どうして？　↓　好きなものを買ってくれるから賛成なんだけど……。
●タカラブネのお菓子をよく食べますか？　↓　よく食べるよ。
●どんなお菓子が好き？　↓　シューアイスやショートケーキ。

久御山の工場には規格外となったシュークリームなどを廉価販売する社員用の店があり、そこで買い物をすることがパート従業員の「特典」であり、喜びでもあった。本社工場のある久御山町だけではなく、隣接する宇治市や城陽市からもパートとして女性たちが働きに来ていた。彼女らが持ち帰るタカラブネのお菓子は子どもたちを通して地域に広がっていった。

海外派遣レポートコンクール

社内誌『ヤングパッション』の2ページ目は、「第6回海外派遣レポートコンクール」。募集要項を転記しよう。

1．テーマ

タカラブネ発展のために私はこう考える。

①こんな職場にしたい。

②これからのタカラブネの武器はこれだ。

③こうすればタカラブネの人材は育つ。

④これがすばらしいタカラブネ気質。

⑤こんな商品（お菓子）は輝いている。

⑥自由テーマ

2．応募資格

タカラブネグループの所属員であればどなたでも。（関連会社とアルバイト、パートを含む）

3．応募方法

お菓子のタカラブネ　No.154　昭和55年8月25日発行

ヤングパッション

特集 不良品を出さない土壌を作ろう

〔座談会〕品質向上の決め手を語る

〔実　例〕品質はラインで作られる

■会長原稿「四代論」　■消火器の使い方ＡＢＣ

■スクラップ　■西から東から　■開店情報ほか

8月号

月刊社内誌『ヤングパッション』
No. 154

①原稿分量　市販のA４判４００字詰原稿用紙（よこ書）10枚以内（グラフ、図表除く）次のものは認めません……たて書、２００字詰、社内原稿用紙、社内便箋、レポート用紙、その他規定以外の用紙。
②応募締切日（原稿着日）昭和56年2月28日（土）
③原稿提出先　本社人事部

4. 審査委員
南　　憲吉（関西本部長）
光岡　英士（中部本部長）
山田　　誠（人事部長）
大村　醇吉（社長室長）
永井　孝也（食品研究所長）

5. 表彰
①入賞　ヨーロッパ業界視察旅行派遣
②佳作一席　図書券（1万円分）進呈
〃　二席　〃　（5000円分）〃
〃　三席　〃　（3000円分）〃

6. 審査結果発表　ヤングパッション4月号

（昭和56年4月15日発行）

他の企業に先駆け、1970年代半ばに週休2日体制をとっていたことなどから、相当数の応募があると経営陣は考えていたのではないか。それにしても、入賞者にヨーロッパ派遣をプレゼントするなど、企業の勢いを感じさせる企画である。

[座談会] 品質向上の決め手を語る

不良品は廉価でパート従業員などに販売していたが、もともと不良品を出さないやり方をすれば経営効率が良いことはいうまでもない。4人の各部門責任者による座談会から、その頃タカラブネの抱えていた問題が見えてくる。4人とは、本社工場サマーケーキライン長・大野孝夫、同まんじゅうライン長・穴吹修、関西営業部・小泉義之、食品研究所・七種敏彦である。「サマーケーキライン」とは、夏場に需要の少ないケーキラインのことだろうか。ラインとはベルトコンベアのことである。夏は労働力に余裕があるが、9月下旬からは繁忙期になる。特に冬はクリスマスケーキ商戦もあり、臨時パートを雇うほど超多忙となる。それではまずクレームと対処法についての座談から紹介しよう。

本社に寄せられるクレームは店からのものと客からのものがあり、店からでは夏場なのでカビやショートケーキの「イチゴ不良」が、客からは異物混入が多い。

小泉は「一昔前のように買いたくても物が少なかった時代には、少々粗雑な商品であっても買うってことがあったかもしれません。しかし、最近のように物が豊富になってくれば、少しでも良い品質の商品を求めるようになるのは当然だと思うんです。それに食品は日常生活に不可欠ですから、それだけ敏感になるというか、ならざるをえない面がありますね」と述べている。クレーム(不良品)に対して、穴吹はラインで働く人たちに「こうしたほうがいいんじゃないか」と押しつけではなく話すと、目に見えて不良品が減っていくと語る。大野も「押しつけではなくて、全員がやろうという自覚が大切なんでしょうね。その意味ではミーティングというか、何でも話し合う機会があれば、だいぶ違ってくると思います」と同様の主張をしている。

[実例] シュークリーム・ライン

「品質はラインでつくられる」と大書きのタイトルにあるように、すべてが機械化されたシュークリーム・ラインを例に写真などを使い、藤村一則ライン長が生産工程をわかりやすく紹介している。藤村は冒頭、こう語っている。

シュークリーム・ラインの場合、ほぼ全行程が自動化されていますから、機械のトラブルが発生しない限り不良品が出るということはまず考えられません。また、品質上とくに問題になるサニタリー面においても自動化によって触手作業をなくし、工場内を一定温度に保ち、外部の空気をフィルターを通してきれいにするクリーンエアシステムをとっています。さらに各所に洗浄殺菌装置を設けて万全を期しています。

サニタリーとは水回りのことだが、ここでは機械洗浄のことを指すと思われる。手で商品に触れなければ衛生面で問題は発生しないが、機械が汚れていたら不良品につながるという考え方をとっていることがわかる。それでも焼き色とクリームこぼれ、包装の乱れなどの最終チェックは人間の目で行う。なお、近藤芳次がシュークリーム・ラインで焼き具合の管理をしていたことについては、すでに紹介したとおりである。

社長・野口八郎、会長・野口五郎

突破力のある野口五郎と実務派の八郎のコンビで急成長したタカラブネだが、五郎が会長となり八郎に社長を譲ったことで、急成長期のこの会社をとりまく状況が見えてきたような気がする。八郎は「身長一七〇センチ、体重八〇キロの偉丈夫で、抑揚のきいた語り口は説得力十分。五〇歳」と新聞（『日刊工業新聞』1980年8月9日付）に紹介されている。なお、前年（1979年）12月、タカラブネは大証2部上場を果たした。

八郎はいう。1962年に「市内から淀の郊外に工場を移した時に同業者の方が、やめたらどうかと心から心配してくれたものです」と。機械化拡張路線に対する懸念を常に抱いていたのは八郎自身であり、だからそうした負の情報が八郎に集ってきたのではないか。次の言葉も八郎の気持ちの代弁という側面がある。

この業界には〝菓子屋と、できものは大きくなったらつぶれる〟というジンクスがあった。郊外に出るのは都落ちということだ。拡張する場合は、近所隣りを買収して徐々に広げるのが手堅いとされた。

タカラブネにおける製造過程の全自動化、機械化の推進力は、野口修と学生運動上がりの幹部従業員、それを容認した五郎のもたらしたものである。八郎はそれをまるで自らの成果のように語っている。タカラブネ経営陣のなかの野口三兄弟について、八郎が述べていることはその後の展開を見ると興味深い。ここでは修のことは無視されている。

兄弟といっても、それぞれ持ち味が違う。会長（※五郎）は完全に攻めのタイプですし、私も積極的な方ですが、守りを重くみるようにしています。経営トップが常に考えなければならないのはバランスです。株式上場で社会的な責任が一段と重くなってきましたしね。

野口五郎会長は長文の「四代論」（4ページ）を書いている。そのうち「父の思い出」は、『京都新聞』記事「好人記」（年月日不詳）に掲載されたものである。

〝貧乏人の子沢山〟と言われるように9人の子供を生んだ。それが全部男の子というのが自慢で、これだけ生むと毎日の生活を立てていくだけが大変。しかも当時、私がまだ頑是ない昭和の始めの頃は世界的大不況の時代。子供の名前をいちいち優雅に考える余裕があろうはずもなく、4番目から四郎、五郎……八郎、最後にようやく修と名付けて収まった次第。

政治の演説会聞きに行くのも父の趣味。

「『諸君』いうて演説はじめようとすると、『その演説中止』と声がかかって巡査がどやどやと踏みこんでくるんや。聴衆も捕まらんようにワーッと逃げる。このスリルたまらんしね」

大の無産党びいき、分かるよお父さん、その気持ち。

会長となり、会社経営の一線を引き愛宕山月参りを決意した五郎ではあったが、次幕でみるようにその後の展開は五郎に休みを与えなかった。

各地の催物　開店情報　菓子ベスト10

中部や関東に進出した社員の交流をはかるのも『ヤングパッション』の目的だった。タカラブネ中部工場には野球部があり、「連戦連勝」していたという。野球部には、20代を中心に15人の男子部員がいた。中部工場には富士登山などを企画するグループもあり、ここには女性社員も多く参加している。関西本部では淀寮屋上をビアガーデンにして社員に開放した。これらが写真入りで掲載されている。

7月度の開店情報は「690店」とあり、1000店を目指し猛進している様子が伝わってくる。7月は以下の10店が開店している。「よく売れているお菓子ベスト10（7月号）」は夏季ということもあり、シューアイスなどが上位にあり、ケーキは中位なのが特徴である。シュークリームはやはり圧倒的に強い。

開店情報７月度　ただいま690店

出店数	7月開店	7月閉店	累　計
関　西	3	0	426
中　部	5	2	176
首都圏	2	0	88
計	10	2	690

浜岡店（静岡県）　高石店（大阪府）　金谷店（静岡県）武里店（埼玉県）　梅陰寺店（静岡県）　喜連店（大阪府）水笠店（兵庫県）　熱田日比野店（愛知県）　土気店（千葉県）　藤枝駅前店（静岡県）

よく売れているお菓子ベスト10（7月号）

①シュークリーム
②エクレア
③シューアイス・バニラ
④イチゴショートケーキ
⑤シューアイス・チョコ
⑥シューアイス・ストロベリー
⑦チョッコアイス
⑧Nデザート水ようかん
⑨Nデザートプリン

⑩トレビアン

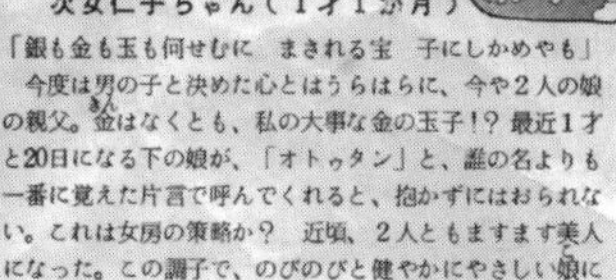

やさしい娘に
近藤芳次さん（本社工場）
長女訓代ちゃん（3才8か月）
次女仁子ちゃん（1才1か月）

「銀も金も玉も何せむに　まされる宝　子にしかめやも」
今度は男の子と決めた心とはうらはらに、今や2人の娘の親父。金はなくとも、私の大事な金の玉子!? 最近1才と20日になる下の娘が、「オトゥタン」と、誰の名よりも一番に覚えた片言で呼んでくれると、抱かずにはおられない。これは女房の策略か？　近頃、2人ともますます美人になった。この調子で、のびのびと健やかにやさしい娘に育ってほしい。

偶然ではあるが、本書を取材する過程で知り合った近藤芳次・矢田基両氏が紹介されていることにも触れておきたい。近藤は長女・訓代ちゃん、次女・仁子ちゃんの記事、矢田は「新婚さん紹介」という記事が写真入りで掲載されている。

6幕　労働者の反乱／五郎の死

五郎の体調不良とタカラブネの「躍進」

野口五郎が体調不良を感じたのは、1970年代半ばのことである。頸椎骨軟化症と診断され、75年1月に手術することになった。手術は成功したが、輸血時血清肝炎に罹患し、4月に大量の吐血をした。退院は12月、約1年間の入院生活だった。入院後も自宅療養が続き、体重は86キロから57キロまで約30キロもげっそり落ちた。

五郎の復活は77年1月のことである。手術から2年の歳月が経っていた。五郎のいない間もタカラブネは躍進を続け、同年2月名古屋に中部営業部をつくった。店舗は300となっていた。矢田基が学生アルバイトとして中部営業部に所属、大学卒業後はそのままタカラブネに就職するようになるのはこの時期である。

同年1月末に五郎は八郎と修に社長交代を告げた。次期社長には、八郎をあてることとした。しかし、実務家の八郎には長期ビジョンが描けないことはわかっていたので、会長になった五郎は修（専務）とともに引き続き中枢で活動することとした。八郎が面白くないのは当然だろう。

同年10月、野口五郎会長は社長の八郎を首都圏での店舗展開のため東京に派遣した。八郎は埼玉に工場を建設し、店舗は千葉と神奈川から展開する作戦に出た。しかし、輸送コストがかかることや、目立った出店がないことなども加わり、八郎の作戦は失敗する。五郎は八郎を再び京都に戻し、代わりに修を首都圏制圧のために送り込む。修は東京金町に第一号店を開店し、その成功に全力をあげる。成功体験を宣伝することで、次の出店を促す作戦である。修のやり方がうまくいき、首都圏展開は少しずつ軌道に乗るようになった。１９７８年4月には新宿に首都圏営業部が開設された。同年10月には愛知県に中部工場を建設する。同年5月に店舗は４００店となり、12月に５００店、翌79年10月には６００店となった。前幕で紹介した『ヤングパッション』（１９８０年8月25日発行）には、店舗数は６９０店と記載されている。しかし、店舗は増えるが利益は伸びないという事態が進行していく。タカラブネの急成長の裏に経営の危機が迫っていたのである。

五郎の健康は戻ったかに見えたが、77年秋の欧米視察（菓子・外食・スーパー）や首都圏各店舗への激励訪問だとの激務が続き、再び健康不安が現実味を帯びる。それでも五郎は進まざるを得なかった。八郎との間に亀裂が生じつつあることはわかっていたが、積極的経営戦略を強力なリーダーシップをもって進めるなかでしか、タカラブネの未来はないと固く信じていた。

１９７９年12月、タカラブネは大証2部と京都証券取引所に上場する。いわば一人前の企業と認められたのである。株式上場で株価がつくと、株券を独占的に持っている創業家にまとまった金額のお金が入る。タカラブネ社長の野口八郎は、その金で久御山町の本社工場から西に20キロほど行った宇治田原町に巨大な邸宅を建てた。また会長の五郎は、久御山町と東南に隣接する城陽市に石垣に囲まれた大きな家を取得した。私は2つの家をこの目で見たが、両家ともその威容により他の家とははっきりと区別されていた。五郎と八郎とは性格も経営思想も正反対で、まるで水と油のような関係だったが、豪邸を持つという点では同じ行動をしたことになる。

大規模機械化がもたらした労働環境の劣化

タカラブネの経営理念は「高品質の菓子の廉価販売」である。それを可能にするのは大規模工場に大型オートメーション機械を導入することだった。しかし、技術は日進月歩、機械は10年もたたないうちに陳腐化する。だから常に大規模な設備投資が必要となる。設備投資の資金は当然、銀行からの融資である。この頃の銀行は財布のひもが緩く、融資のハードルは低かった。これがのちに経営悪化の主要な要因となる。

オートメーション化のなかで、女子パート労働者は部品のひとつとなり、単純作業を繰り返す過酷な労働環境になかに置かれることとなる。しかも、賃金は安い。こうした状況をマルクス主義経済学では「疎外」と呼ぶのだが、元学生運動のリーダーで『資本論』を読んでいたであろう野口修はこのことを理解していたはずだ。五郎は相変わらず社員やパートたちに夢とロマンを語った。けれど、次第にそのロマンは社員やパートたちの胸には届かなくなっていった。男性社員はラインの管理者になり、パートの女性に目を光らせた。戦後版、女工哀史の世界である。

店舗は増えるが利益が上がらないタカラブネの現状を打開するため、八郎は社長として徹底的な経費削減を断行した。これは誰もが思いつく、安易な方法である。そして経費節減は労働者の意欲を失わせ、会社の利益が上がらないという負の連鎖を生み出すようになる。反対する者は馘首された。職場が一斉に暗くなり、それは労働災害（機械による指の切断、腰痛や頚腕症候群など）の多発につながっていく。１９７９年に３件だった労働災害は、翌79年には31件、80年には63件と激増していった。80年６月30日から７月15日までの約２週間で10人が退職している。事情はさまざまであろうが、職場の「地獄化」（労働環境の劣化）が一つの理由であることは間違いないだろう。

労組結成と会社側の不当労働行為

タカラブネを構成するのは、①野口五郎、八郎を中心とする創業家、②野口修、新開純也ら経営陣である元学生運動のメンバー（60年安保闘争世代）、③70年安保闘争を知る人たち、④現地で採用された男性社員、⑤パート女子従業員、⑥主に12月の繁忙期に採用され季節パートの女性たち、⑦その他などである。１９８０年になると、労組結成の機運が盛り上がってきた。その中心となったのは、③70年安保闘争を知る人たちだった。

労組は１９８０年７月１日に結成された。会社側に悟られないよう、秘密裡の結成である。その

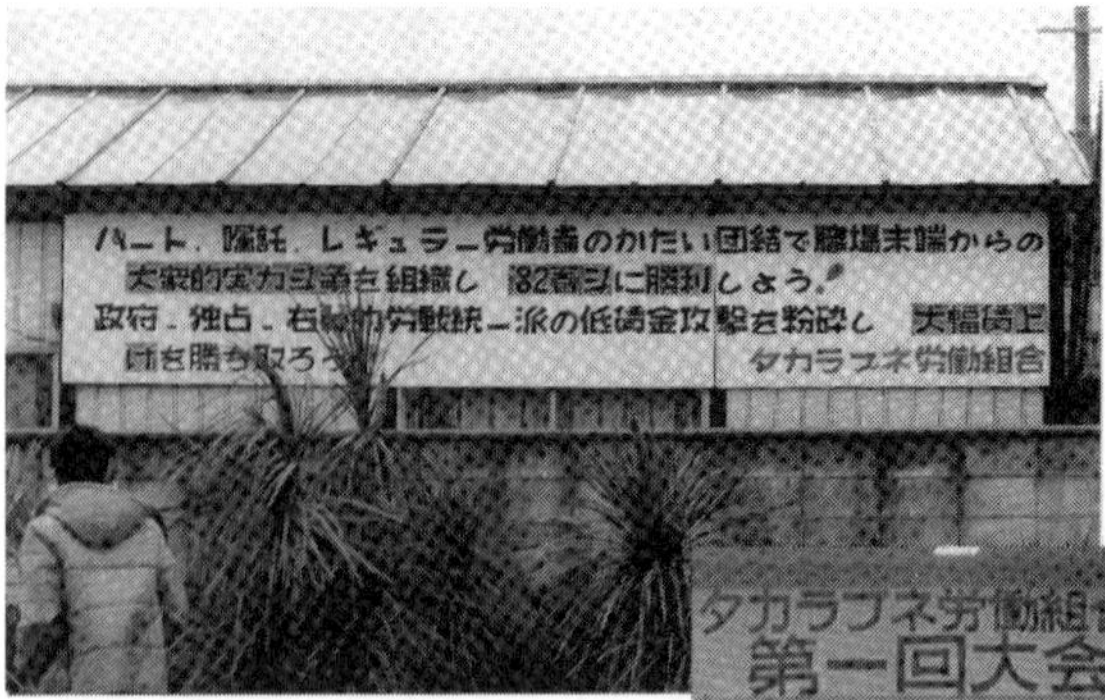

◂最初の組合事務所はプレハブだった（のちに本社・正門横の駐車場となる）

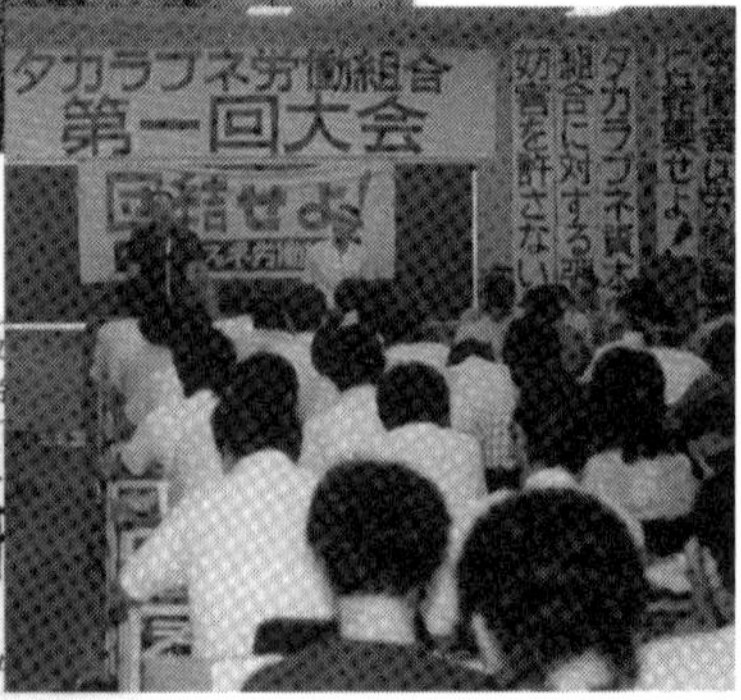

▸久御山町公民会で開催された結成大会（1990年9月1日）

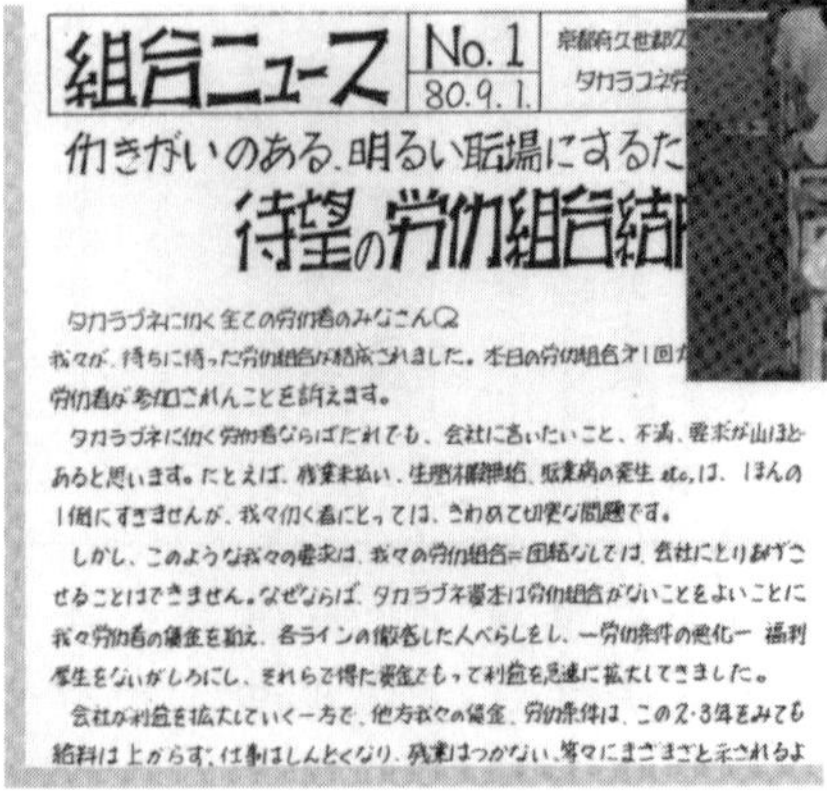
組合ニュース No.1 80.9.1.

働きがいのある、明るい職場にするた

待望の労働組合結

タカラブネに働く全ての労働者のみなさん!

我々が、待ちに待った労働組合が結成されました。本日の労働組合第1回

労働者が参加されんことを訴えます。

タカラブネに働く労働者ならばだれでも、会社に言いたいこと、不満、要求が山ほどあると思います。たとえば、残業未払い、生理休暇拒絶、職業病の発生 etc. は、ほんの1例にすぎませんが、我々働く者にとっては、きわめて切実な問題です。

しかし、このような我々の要求は、我々の労働組合＝団結なしでは、会社にとりあげさせることはできません。なぜならば、タカラブネ資本は労働組合がないことをよいことに我々労働者の賃金を抑え、各ラインの徹底した人べらしをし、一労働条件の悪化一 福利厚生をないがしろにし、それらで得た資金をもって利益を急速に拡大してきました。

会社が利益を拡大していく一方で、他方我々の賃金、労働条件は、この2・3年をみても給料は上がらず、仕事はしんどくなり、残業はつかない、等々にまざまざと示されるよ

◂1990年9月1日
組合結成ビラ

『自立労働組合連合20年のあゆみ』より

後、従業員へのオルグが繰り返され、組合員が100人になった時点（同年9月1日）で会社に通告、その後久御山公民館で第1回組合大会が開催された。

『自立労働組合連合20年のあゆみ』（以下『あゆみ』という）という冊子がのこされている。発行日は2000年6月15日、組合はタカラブネ本社敷地内（京都府久世郡久御山町佐山双栗37）にあった。1980年の組合結成のページを見てみよ

う。タカラブネ労組はパート、嘱託、レギュラー（正社員）区別なく加入できる労組だった。残業未払い、生理休暇不受理、職業病（腰痛・頚腕症候群等）発生などのため苦しめられていた人びとの加入を訴え、またたくまに数百人規模となった。

『自立労働組合連合20年のあゆみ』

寝耳に水の組合結成に対し、野口八郎とその周辺にいた経営陣はあからさまな組合敵視政策でのぞんだ。すなわち、工場長らによる「上部団体に加入するな」などの組合に対する不当労働行為である。しかし、こうした不当労働行為は組合の抗議により、謝罪に追い込まれていく。

組合をつぶせないことがわかると、八郎らは第二組合（御用組合）づくりに舵を切る。ゼンセン同盟にオルグを依頼し、組合員を一人ずつ切崩しにかかったのである。だが、第二組合づくりは成功しなかった。第二組合を跳ね返したのは、圧倒的な組織率を誇る現場ラインだった。パートの女性たちは組合に大きな信頼を寄せていた。京都支部（当時）の山崎博子は『あゆみ』に次のような手記を寄せている。

私が入社した頃は、組合も無い時でした。（※仕事の少ない）夏場は仕事が終われば、「そうじはレギュラーでします。パートはお昼で帰って下さい」そんな日が一ケ月に何度もありました。八〇年九月に組合が結成されてからは、パートにも七時間の就業保障や、半年間の雇用確保が約束され、安心して働けるようになりました。

社長・八郎の組合敵視とは違い、会長・五郎は組合の登場に対し「労組それ自体は法律で認められた労働者の当然の権利である。ただし労組執行部には十分の自重をもって労組権行使にあたってもらいたい。ひるがえって管理、経営側はかりそめにも法律違反の事実があってよいはずはない」と述べ、八郎とその取り巻きらによる不当労働行為を断罪している。

五郎はまず京都本社の工場長を更迭する。後釜に抜擢したのは、入社5年目で営業部長をしていた新開純也だった。新開は、5年前までブンドの活動家だったので、組合に敵対することはできないと工場長就任を固辞する。けれど五郎はあきらめることはなかった。組合を認め協調してやっていくので、引き受けてほしいと懇願したのである。新開は短期間という約束で、工場長を引き受けた。

続いて五郎は首都圏に派遣していた修(副社長)を京都に呼び戻した。修は労組との団体交渉責任者となる。新開も修も京大における元左翼学生運動のリーダーである。しかし立場が変われば、労組対策はそれなりに骨の折れる仕事だった。修たちは労組の指導者たちと同じ目線で話しあうことにした。その結果、修は八郎たち経営陣から聞く内容との乖離を感じるようになり、むしろ労組側を信頼するようになっていく。新開も同様だった。五郎は修と新開をバックアップすることにした。

八郎側の抵抗はあったが、それでも修と新開は労働者反乱を鎮め、組合との正常な関係を築きあげることに成功した。

社長・野口修、五郎の死

1981年6月、野口修は社長に就任する。五郎による八郎の更迭であった。八郎と二人三脚でつくってきたタカラブネだったが、ここにきて八郎の限界を悟り、こうした措置に踏み切ったのである。八郎とその取り巻きがどれほどの憎悪を募らせていたかはわからないが、それは復讐に近い感情だったのではないか。けれど、更迭とは言っても、八郎は会長に就任、代表権を与えてしまった。五郎は相談役に退いた。八郎グループは執拗に修社長を妨害した。それはまるで妨害のための妨害のようだった。

私も「妨害のための妨害」に遭遇したことがあるが、その負のエネルギーは枯渇をしらないほど強固だった記憶がある。

五郎の死は翌82年12月のことである。肝臓がんだった。

前進するタカラブネ労組

本社工場から出発したタカラブネ労組だったが、中部工場、埼玉工場でも組合員は増加し、1981年春には、はじめての春闘に取り組んだ。要求アンケートをとり、それをもとに職場討議で要求を練り上げ、スト権の確立など目まぐるしい日々だった。八郎から修に権限が移ったため、労組にとっては非常にやりやすい環境が整ったことになる。4月14日には半日ストを断行し、要求を貫徹させた。

南山城地域にはユニチカ労組や松下（現パナソニック）労組、日産車体労組など大企業の労働組合や、宇治市職労や宇治久世教組などの官公労の組合があったが、民間の組合はまだ少なかった。タカラブネ労組の出現は地域にインパクトを与え、その後次々に民間労組が誕生することになる。タカラブネ労組は名称を「自立労働組合連合」と改め、関連労働組合の組織化に踏み出していく。

反戦平和運動へ

タカラブネ労組（自立労働組合連合）の特徴は企業内組合に甘んじることなく、タカラブネ関連企業の労組と連携、地域労組へのオルグや争議支援、反戦平和運動の展開などにあった。

『あゆみ』に3年目を迎えた組合の闘いについて、こう書かれている。この年は野口五郎相談役が死去した年だった。

①組合員の拡大、組合のない職場や少ない部署への加入呼びかけ、新設の神戸工場での組合づくり。

②能力給／考課制度、ＰＴの正社員登録制度など労働者の団結に直結する経営の差別・分断

政策との闘いと労働条件の整備。

③久御山デポ事件（会社側の暴力的スト破りのため組合員1名が負傷）に見られる組合敵視、スト破り、不当労働行為との闘い。

④世界的に盛り上がった反核行動・反戦平和運動への取り組み。

⑤労働戦線の右翼的再編との闘いと地域の労働者との連帯。

これらの言葉を見ると、組合執行部が学生運動の影響を強く受けていることがわかる。私が大学に入学したのは1973年であり、学内には70年安保闘争の名残が感じられた。寮で同室だったMは中核派に属しており、水俣公害支援闘争のため熊本に行ってしまい、その後顔を見ることはなかった。

こうした組合執行部の難解な活動方針に対し、わからないなりに多くの労働者がついていったのは、職場から練り上げる要求運動など民主的な運営が貫かれたからだろう。なお、タカラブネ労組を特徴づける運動としてあげられるのは「反戦・平和運動」である。組合運動の高揚に対し、八郎は敵対し、修はそれを理解しようとした。

7幕　クーデターとストライキ

野口修社長の組合観

五郎の死後、野口修社長と八郎会長との兄弟対立は抜き差しならぬ状態になっていく。修は大企業になったタカラブネの経営を軌道に乗せるため、組合との協力が必要だとわかっていた。それは学生運動をしながら培ったものでもあった。大学当局と対立するだけではなく、落としどころを考えて行動するなかで勝ち取れるものもあるのだという体験に裏打ちされた確信である。

1983年4月14日に修は組合と春闘について妥結、5月30日には夏季一時金についても妥結していた。春闘におけるストライキは回避された。9月1日にはタカラブネと組合との労働協約が締結されている。修は組合の存在を認め、組合とともに会社を構築しようとしていた。組合も修を信頼する交渉相手と考えるようになった。こうした修社長のやり方（組合観）に、零細企業経営のノウハウしかない八郎は不満を抱いていた。

組合と協調しつつも、修はタカラブネ経営陣として、フランチャイズシステムは成熟期に入ったこと、新規出店が頭打ちになったこと、消費者のモノ離れ、甘さ離れが深刻になってきていることなどをあげ、今こそタカラブネがベンチャー精神を発揮することが求められていると社内報で語っている。修の次の危機感はしごくまっとうなものだった。

お客さまの価値観は大きく変わったのである。人びとはモノの豊かさに代えて心の豊かさを求めている。商品については商品そのものの機能的価値の上にプラスアルファの価値を求めて商品とお店を選択するようになってきた。このお客様の息吹を私たちは字づらの勉強ではなく、全身で受け止めているのであろうか。

とても残念なことだが、わたしたちの商品は現代の要求に対して陳腐化した。ある品目の商品は決定的にたちおくれている。お店はどうかといえば、社会変化にともなって、一部では出店の立地に変化を生じて取りのこされ、またある一部では施設が老朽化してしまった。商品構成、お店の快適さがおくれをとっていないか。一部ではサービスレベルがダウンし、無気力すら感じられた。

「失敗をおそれず、失敗をとがめる雰囲気や経営風土をなくすること、トップより垂範していきたい」と述べる修の念頭には、亡くなった五郎の精神を引き継ぐという強い決意があったと思われる。実務派の八郎が失敗をとがめることで発言力を確保してきたことを、修は強く意識したのである。

無印良品と堤清二

野口修と危機感を共有していたのが、西武百貨店などのセゾングループを率いていた堤清二（辻井喬）である。修と清二はペガサスクラブの仲間でもあった。清二は、日本では20世紀のうちに「大衆消費社会」は終焉を迎えた、そのあとに来たのは「個人消費の時代」である、大衆消費社会を支えたのが百貨店だったと述べ、今後の人びとの消費動向の展開について次のように言っている（傍線は筆者）。

> 西武百貨店の全盛期は七五年から八二、三年です。地方に行くと、名だたる老舗も経営が大変なところが出てきた。今後、会社の数は半分ぐらいになるのではないでしょうか。今の人びとにとっては、専門度を高めしかも安価な店がいい。無印良品とかユニクロは全国的に調子がいいですし、ロフトもまずまず。東急ハンズもいいと思います。
>
> （辻井喬『心をつなぐ左翼の言葉』2009年、かもがわ出版）

堤清二がセゾン系列のスーパー西友内に「無印良品」ブランドを創設したのは、百貨店が危機に陥る予兆を感じた１９８０年のことである。そのコンセプトは、生産過程の徹底的な合理化で品質のいい低価格商品を生み出すことだった。紙の原料であるパルプの漂白をやめることで、健康にもいいベージュ色の商品を作り、ブランド化していった。過剰包装をやめ、環境にやさしい商品群は新しい消費者の目にピアに映ったのである。清二は消費革命の次を見ていた経済人だった。

１９８４年5月21日役員会

野口修新社長に対して八郎会長のとった態度は、病的な嫌がらせ、サボタージュだった。稟議書にはサインをしない、取締役会ではことごとく提案に反対するというものだった。こうした負のエネルギーは会社を腐らせる要因にもなる。取引銀行も兄弟対立のままでは融資はできないと言ってきた。タカラブネの屋台骨が揺らぎだしていた。

修は近代化グループとともに、新しい時代にあった商品開発を目指していた。それは堤清二の無印良品のようなものだったのだろうか。新商品の萌芽も見ないうちに、クーデターの日が迫っていた。

対立の構図は修対八郎であるが、それを取り巻く人々については単純ではなかった。銀行から派遣されている取締役がどのような態度をとるか、あるいは学生運動上がりの経営陣が果たして修を支持するかなど、ここではいちいち書かないが複雑な様相を見せていた。学生運動経験者のなかには修や新開純也、西武の堤清二のように、資本の側にいながらもマルクスを読み、労働者に共感する人びともいたが、まったくかつての思想を捨て、労働組合を敵視するようになった者もいた。組合に協調的な修に対する反発も広がっていく。八郎グループは宇治田原の八郎宅や、醍醐プラザホテル（宇治市）で秘密裡にクーデター計画をねっていた。

修たちの誤算は銀行が八郎支持に回ったこと、故五郎夫人・たか子も八郎を支持したことである。持ち株数は、たか子が213万4000株、八郎は196万5000株、修が109万5000株だった。銀行は持ち株数の点からも八郎側につかざるを得なくなった。

こうしてクーデターは強行された。修は代表権を持たない副社長に降格され、八郎が社長に復権した。組合はもともと八郎に不信感をもっていた。労使関係正常化に力のあった修が事実上追放され、強権的な八郎がトップに返り咲いたことで、労使紛争が勃発する。組合は社内に「八郎社長は辞めろ」などのポスターを掲示し、対決色を強めていく。

タカラブネ経営刷新同盟の結成

本書で何度か登場する矢田基（営業部）もそうだが、タカラブネ創業者の野口五郎に対しては対立することもあったが、人間的な親しみを感じていた。末弟の修社長についても、働く労働者のことをわかってくれる管理者であると認識していた。だからこそ、タカラブネの営業利益が減少に転じたときに、危機感を共有できたのである。

ところが実権を握った八郎は、労働組合にはかることもなく、「パフリーム・ラインを本社工場から永幸へ移すことに決定」と発表。こうした独裁的決定に対して「議論をしていては結論が出ない。小の虫を殺して大の虫を生かす」と述べたのである。労働者を小虫にたとえたと、労働者たちは怒った。なお、パフリームとは当時のタカラブネの主力商品の一つで、スポンジケーキのなかにチーズクリームが入っている洋菓子だった。永幸とは永幸食品のことで、タカラブネの下請け会社であり、83年には労組も結成されていた。パフリームにはもともとカスタードクリームが入っていたのだが、これをチーズクリームに代え大ヒットさせたのが当時商品開発部長だった新開純也である。新開はフルーツケーキなど、タカラブネの主力商品の開発に尽力しており、その働きぶりから従業員たちからの信頼も厚かった。

永幸労組初代委員長の広瀬達は『あゆみ』にこう書いている。

一九八三年、タカラブネ労組と地域の洛南労組連の支援を受け、永幸労組は誕生した。何もかも初めてでの経験で、旗やビラも手作りし、組合費の徴収も行っていた。そんななかで団結する心が一人ひとりの中に生まれてきたと思う。

パフリームの生産ラインを下請け会社の永幸食品に移すということは、タカラブネ従業員のリストラにつながりかねないし、永幸食品にとっても安価な労働力を提供し続ける構造により強く組み込まれることになる。組合の反発は大きかった。（永幸食品は冷凍調理食品の製造、販売を行うタカラブネの子会社で、当時は淀に工場があった。初期に冷凍米飯、焼き飯を開発し、新幹線の社内食としても納品されていた。その後工場は園部町に移転、タカラブネと同じく2003年に倒産）

こうした組合の動きに対して、ラインや営業などの管理職も「これではいけない」と感じ始めていた。修副社長を信頼する取締役たちと現場の管理職たちとのあいだを、マーケティング部長・新開純也がつないだことが契機となり、クーデター翌月の6月16日に「タカラブネ経営刷新同盟」が結成される。結成式にはタカラブネ管理職89人中、81人が参加し、結成宣言を採択後、修副社長ら近代化派の推進するタカラブネ改革の支持を決定した。その後も加入者が増え続け、最終的には組織率が95％に達した。

「同盟」が問題としたのは、五郎の遺言の執行という側面を持つタカラブネ改革を、八郎社長派が否定していること、労働組合との関係の悪化、宦官人事（八郎の取り巻きによる恣意的な人事）などである。その上で八郎体制を「無責任極まりない経営の空白と後退」と弾劾し、以下の3項目の要求を八郎側に突きつけた。新開は「同盟」の幹事となった。

一、5月21日の取締役会を承認しない。

二、①野口八郎氏の退陣

②クーデター首謀者の取締役退任。

③宦官人事の撤回。

三、野口修派管理職の常務取締役就任など。

当時の社員たちによれば、タカラブネの菓子販売は比較的好調であり、菓子以外の拡張路線が躓いたことが収益悪化の原因とされた。実際には菓子についても、コンビニスイーツに押されて減少に転じていたことは事実である。矢田基から提供された資料によれば、タカラブネの主要関連会社は以下のようであった。

（株）タカラブネ主要関連会社
社員手帳に掲載された年代
1986年
1. 株式会社タカラブネ物流センター（京都府久世郡）
2. 永幸食品販売株式会社（京都市伏見区）、冷凍米飯他。
3. サンタ株式会社（愛媛県伊予郡）、アイスクリーム、シューアイス他。
4. ペガサス・リース株式会社（大阪市中央区）
1987年
5. 株式会社メサベルテ（京都市中央区）、焼き立てパン屋を展開、現在も複数店あり。元部長が経営。
6. 株式会社アトモス（大阪市北区）
1987年

7．バルーン興産株式会社（京都市中京区）

1990年

8．株式会社四国タカラブネ

9．株式会社菊一堂（大阪市中央区）、レストラン、菓子屋を展開。

10．株式会社マツハシ（京都市左京区）、店舗工事。

11．三商寶船股份有限公司（中華民国台湾省台北市）、台湾タカラブネ。

12．株式会社ファーストネーム（東京都世田谷区）

1991年

13．株式会社ティービーエステート（京都市中京区）

14．株式会社九州タカラブネ（福岡市博多区）、押花電報の会社との合弁会社。

1992年

15．株式会社キャンプロデュース（東京都品川区）

16．株式会社京宝船（神奈川県相模原市）

17．株式会社彩雅（京都市中京区）

18．株式会社食品館（京都府久世郡）、スーパー、コンビニ等への供給。

19．株式会社タカラブネ・インターナショナル（京都府久世郡）

20．株式会社タカラブネフーズ（京都市中京区）

21．株式会社ホップス（京都府久世郡）、直営店の管理

1995年
22. 株式会社トライアングル（京都市中京区）

組合と刷新同盟との連携

労働者（組合）と管理職（刷新同盟）の両側から攻められるかたちとなった八郎側は、まず組合に対しては団交の拒否（延期）という戦術に出た。組合側はこれに反発、6月18日からスト権確立のための全員投票に入った。刷新同盟に対しては、組合は次のように連帯して闘う意思をアピールした。

……五月二一日の経営体制の変更を基本的には経営内部のクーデターであると認識し、組合は立場は違うが刷新同盟と利害を一致する。そして刷新同盟に結集した管理職の自己の職を賭しての行動を支持する。

スト権投票は6月22日に開票され、有権者（組合員）1711人中1622人が投票（投票率94・8%）、ストライキに賛成したのは1491人（91・9%）であった。こうしてスト権は確立された。スト権確立をもって、組合は会社側に団体交渉を申し入れたが、八郎+八郎派の7人の取締役は会社に姿を見せなくなり、やむなく組合側は出勤している3人の取締役と交渉せざるを得なくなった。

事実上の団交拒否を重ねる八郎側に対し、ついに組合側は6月27日から関西地区で全面ストライキに入ることを宣言し、各職場に指令を出した。良心的な3人の取締役は苦悩する。ストライキに突入すれば、ラインは止まり、長期間のストックができない生クリーム菓子は製造できなくなる。フランチャイズ店に菓子が届かない事態となれば、タカラブネは社会的信用を失う。

平和運動に熱心な労働組合

会社側の高圧的態度があまりにもひどかったこともあるが、タカラブネ争議がここまで盛り上がった背景には、この組合が平和運動に熱心だったことがあげられる。1984年の八郎クーデター後に揺れる職場のなかにあって、「反トマホーク全国キャラバン」と交流し、6月7日には京都の円山野外音楽堂で「トマホーク極東配備阻止！　京都集会」に参加している。6月17日には、同横須賀集会に150人を動員した。

トマホークとはアメリカ艦船から発射される巡航ミサイルで、これが日本を含む極東に配備されることは、アメリカの世界戦略に日本がより深く組み込まれることを意味した。日米安保条約に反対し、非核日本を求めて行う平和行進や沖縄連帯ツアーにも労組は積極的に参加している。反戦平和と反貧困を運動の両輪とし、1990年代になるとアジアの貧国問題の集約点であるフィリピンに訪問団を派遣するなど、労働組合の枠を超えて運動は拡大していった。

平和運動はある意味では理念の運動でもあり、その理想主義的なスタイルは短期間で若者の意識を先鋭化させる。本書「3幕」でも見たように安保改定反対闘争が空前の盛り上がりを見せたという歴史的体験が当時の人たちにはあった。1986年に労組は反戦文集を発行している。発行に携わった古川幸三は『あゆみ』のなかでこう回想している。

敗戦後、今日まで戦争体験者から「戦争は、もういやだ」と言う答えは数限りなく聞いてきた。八三年末、原稿を頼み文集にしたら、戦争を知らない世代に伝わるのでは、と考えた。八六年諸先輩のご指導で実現できた。

原稿が集まり、手渡しで受けた時感謝で涙さえでた。手書きの文書を読んでは胸のなかで礼を言う日々が始まった。少数精鋭で原稿を読み意見を交えて学習成果を得た。初版を手がけ、数年間にわたり多数の若い委員が参加できて本当に良かった。

スト回避と株主総会への機動隊の導入

話をストライキ闘争に戻そう。八郎派7人の取締役が組合との団交を事実上拒否しているという異常事態（不当労働行為）に対し、組合はスト権を確立して対抗した。ストによってタカラブネが築き上げてきた社会的信用は失墜し、会社そのものの存亡の事態となることは明らかであった。こうした事態を打開しようと組合に働きかけたのが、修派3人の取締役だった。取締役人事部長は自らの権限を使って、6月27日に管理職を入れて「拡大労政会議」を招集、八郎社長への上申文を決議する。上申文には、このままストライキに突入すればフランチャイズ店に商品が供給できなくなり、会社との信頼関係が損なわれるため、組合にストを回避できないかと折衝中である、すべての前提は組合との関係の修復であり、八郎社長は団体交渉に出て来なければならない……、という内容が書かれていた。

組合側は拡大労政会議の働きかけを受け、ストライキを小規模として生産ラインへの影響を極力小さくしようと努力した。団交は相変わらず開かれなかったが、管理職と組合員たちは自主的に生産を続け、タカラブネの業務は継続した。八郎社長たちがいなくとも、自主的に会社は運営されたのである。

ストの事実上の回避を受け、修派3人の取締役と関西・中部の営業部長、京都・神戸・中部・埼玉の工場長、マーケティング部長・新開純也など11人と、組合側役員3人とが交渉のテーブルについた。話し合われたことは、組合側はスト権をそのまま保留とし、会社側は八郎社長とそれを支持する取締役は団体交渉に応じるように説得するというものだった。組合のスト戦術が有効だったのは、6月29日に株主総会が迫っており、会社側は団交に応じざるを得ないと踏んでいた。

しかし、孤立していた八郎らは猛烈な巻き返しに出た。株主総会への京都府警機動隊派遣要請を行い、株主総会の日（6月29日）に、装甲車に乗せられたてやってきた約200人の機動隊員が総会の開かれていた久御山中央公民館周辺に陣取ったのである。総会会場の前の方には組合員株主が坐り、後方には八郎派が動員したフランチャイズ店株主やタカラブネ取引先の株主が坐り、会場内には私服警察が目を光らせていた。会場の外には機動隊の装甲車が数台並べられたのである。

こうした異様な雰囲気に威圧され、組合員株主の発言は封じられたまま、総会はたった10分余りで終わった。野口修と修支持の取締役3人は帰りがけに呼び止められ、久御山中央公民館の一室に入れられた。なかには八郎や他の取締役がいた。八郎は「臨時取締役会を開く」と言い出し、決議文なる文書を配布した。文書には修派3人の取締役の降格（非常勤化）と、新開純也ら2人の部長の懲戒解雇について書かれていた。第2のクーデターだった。

京大ブンドのリーダーだった新開純也がタカラブネの正社員になるのは、1976年のことである（75年という文献もある）。修の学生運動の盟友でもあり、能力もあった新開は水を得た魚のように活躍し、資材課長、商品部長、京都工場長、神戸工場長、マーケティング部長などラインと商品開発の第一線で仕事をした。

商品部長の時代に開発したフルーツケーキとチーズクリーム入りパフリームはタカラブネの主力商品のひとつとなった。徹底した現場主義のリーダーで、京都の老舗菓子メーカーバイカルで洋菓子について学ぶこともやった。組合員からの人望のある新開純也を切ることは、タカラブネ労使紛争が泥沼化することにつながる。

臨時取締役会の決議には「今後、刷新同盟のごとき行為を繰り返さず、取締役会の指示に従う旨の誓約が出されたときは、社長の判断で懲戒解雇以外の処分に止めることができる」とあったが、もともと会社の役職にこだわることのない新開純也はこれを無視し、八郎に媚びへつらうことはしなかった。私は晩年の新開に接しているが、柔軟にして頑固なその姿勢には学ぶことがたくさんある。新開はまじめであるとともに飄々としており、原則を貫き、時に大胆な方針を提起するのである。

管理職組合の結成とスト突入

新開純也ら刷新同盟には、八郎らが解雇権を乱用する手段に出て来るという読みがあった。受けて立つという立場から、臨時取締役会のあった6月29日に労働組合法にもとづく管理職組合を結成し、30日には八郎社長に団体交渉を申し入れ、7月1日にはフランチャイズ店に新組合結成のお知らせを発送した。正式名称は「タカラブネ管理職組合」とし、書記長には新開が就任した。新開にとってはブンド時代を思い出させるワクワクする門出となったのではないか。新組合員になったのは、修派3人の取締役以外の刷新同盟の全員であり、実に管理職の9割以上が労働組合員になったのである。

管理職組合結成後の新開の行動は早かった。タカラブネ従業員の組合である自立労連と交渉を行い、協定を結んだ。それによれば、管理職組合は組合員の身分が保全された時点で解散すること、管理職組合はいわゆる第二組合ではなく会社側との交渉権は自立労連が持つこと、管理職組合の交渉権は自立労連の承認のもとで行使されること、双方は労働者と管理職という立場の違いはあるが共同できる点は共同してこの間の異常なタカラブネ経営をめぐる事態に対応すること、などを決めたのである。また自立労連は処分された3取締役と新開ら2部長を支えるため、全組合員に1口

100円以上の定期カンパを訴えた。毎月160万円が集まったという。薄給のパートの人たちもカンパに応じた。本来は敵対するはずの取締役や管理職のためのカンパが集まるという労働運動史上例を見ない闘いが始まったのである。

管理職組合結成に対する八郎側の対応も早かった。7月1日には「管理職組合は労組とは認められない」ため団交は拒否すると通知してきたのである。管理職組合に連帯する自立労連は、株主総会への機動隊導入と第2クーデターに抗議するため、保留していたスト権を発動した。総会の翌日の6月30日、本社、京都工場、神戸工場、物流センターの組合員約1000人にスト突入を発令し、7月2日には全職場約1700人が24時間のストライキに入った。この2日の24時間ストでは、生産ラインが完全に止まり、フランチャイズ店への商品供給ができなくなった。

ストライキに慌てた八郎派役員たちは2日、3日、4日と出勤してきたが相変わらず団交を拒否続けるという態度に出た。自立労連は京都、神戸、中部の工場の生産ラインについては無期限に残業を拒否すると通告した。もしこのまま冬の繁忙期に入れば、残業拒否はストライキ同様の打撃を生産に与える。

自立労連も管理職組合もタカラブネ問題を広く世に訴えることにした。そのことがフランチャイズ店にも伝わると判断したからである。マスコミの取材にも積極的に応じることとし、地元紙だけではなく全国紙、月刊誌にもタカラブネ紛争が取り上げられるようになった。こうした事態のなかで、八郎を支持していた銀行も動揺していくことになる。八郎側もまたマスコミに情報を流し始めた。そのターゲットとなったのが新開純也である。修派の中核は過激派の新開であり、彼らは組合とも一体化して会社を牛耳っているというデマだった。そのデマを面白可笑しく掲載する週刊誌などもあらわれた。

いくら権力を持っているとはいえ、八郎派は総勢12人（取締役7人と管理職5人）に過ぎなかった。9割の管理職を組織した管理職組合と自立労連の総数は1800人である。八郎派はフランチャイズ店の支持を取り込もうとしたが、むなしく時間が過ぎていった。八郎派の孤立はもはや白日のもとに晒されていた。混迷する八郎派は、懲戒解雇したはずの管理職組合書記長・新開純也を人事部長に任命した。労組の書記長を労務担当の責任者とするなど、八郎側の混迷を示す事例であろう。

タカラブネ本社（京都府久御山町）全景
（『自立労連20年のあゆみ』より）

8幕　タカラブネ王国の崩壊と再建闘争

自立労働組合連合の記録　84～86年

　タカラブネ労組の記録である『自立労働組合連合20年のあゆみ』（『あゆみ』）に掲載された年表に、1984年5月21日が「八郎クーデター」（役員会で野口八郎社長に就任）と記されている。また6月15日「タカラブネ経営刷新同盟結成」、7月2日「八郎社長の一部管理職への処分に対抗して管理職組合結成さる」など目まぐるしい動きが『あゆみ』から読み取れる。

『あゆみ』の1985年のページには「八郎社長と取り巻きによる組合敵視政策や管理職の処分、中国進出計画等の好き勝手な経営に対する闘いが続きました」「ついには一部の組合員を動員して第二組合を作り、組合の分裂・団結破壊に及んだのです。二組（※第二組合のこと）は結成直後、大半が自立労連へ復帰し、少数孤立状態になり、同盟＝御用組合の支援を引き込んで本社門前で度々の介入、営業妨害を行いましたが、自立労連組合員は門前集会やピケで二組・同盟を跳ね返し、彼らに一片の道理も正当性もないことを明らかにしました」と書かれている。年表には8月9日、10日、23日「二組と同盟門前に登場」とある。同盟とは後に連合につながる、労使一体型のナショナルセンターのことで、私たちは「偽装労連」と呼んでいた。

当時のことを目撃した茶谷久喜（関西支部）は、『あゆみ』にこんな証言を寄せている。

あれは一五年ほど前です。ある日、早出で出勤すると門前に五、六人の見知らぬ者がうろついていました。

「いつもと何が違うな」と思いながら「大変や！」と喚声が響き、生産に支障のない同僚を十数人集め、はちまきを付けて門前にてスクラムを組みました。構内に入ろうとする二組・同盟との押し問答の中、二組に対してシュプレヒコールを上げて阻止。このような状況が数日続きましたが、皆の団結で阻止し続け、その時初めて組合員の強い団結力を知りました。

多くの会社で労働組合結成がつくられると、経営陣は会社言いなりの第二組合を結成させ。第一組合の弱体化をはかるようになった。典型的な第二組合は日本航空内でつくられた組合で、第一組合員が迫害され不当配転されている様子は、山崎豊子の小説『沈まぬ太陽』（1999年、新潮社）などに詳しい。

『あゆみ』の1986年ページには、プチドール工場（タカラブネの商品「プチドール」を製造する工場）閉鎖反対の闘いが次のように記されている。

対八郎社長・対二組闘争は、三月一〇日、京都同盟員一五〇名とともに登場した二組が本社門前で三時間に及ぶ攻防の結果追い返され、大規模な動きはこれを最後に終息していきます。

他方で経営の発表したプチドール工場閉鎖問題をめぐって全支部で閉鎖反対の闘いが取り組まれました。プチドール組合員との交流、支援決議、ハンスト、抗議行動…。残念ながら工場閉鎖を止めさせることはできませんでしたが、プチドール分会の組合員は今も自立労連の仲間として共にがんばっています。

プチドール分会の高梨静江は「閉鎖後の組合との関わり」という一文を『あゆみ』に書いているので紹介しよう。

良き職場に恵まれたと思った矢先に、組合の皆様と共に、組合の皆様と閉鎖反対運動を行ないました。その甲斐も無く閉鎖となってしまいました。閉鎖後も行き届いたアフターケアをして頂いてとても助かりました。

京都地方労働委員会会長の「命令書」

1986年2月25日付、株式会社タカラブネならびに同物流センターに対する京都地方労働委員会会長・谷口安平の「命令書」が残されている。申立てたのは新タカラブネ労働組合（第二組合）5人の組合員である。副社長の野口修はユニオン・ショップを盾に第二組合（新タカラブネ労組）を認めず、組合員5人を解雇した。それに対する申立てである。新タカラブネ労組の新労組結成の部分を抜粋しよう。

X1は、懲戒解雇された管理職の復帰を要求して、59年の6月、7月に行われたストライキに対し、自立労連の組合員の中からやりすぎではないかという声があがっているのを耳にし、自立労連の組合方針に疑問をもっている者がかなりいると判断した。

60年1月頃、X1は、同僚のA1（以下「A1」という）に対し、自立労連が成田の三里塚闘争やトマホーク極東配備阻止闘争などに参加し、いわゆる政治闘争色が強い労働組合であり、組合執行部は独裁的であって、民主的な運営をしておらず、経済闘争においても時限ストライキ、指名ストライキを頻繁に行い、また、タカラブネの人事権に介入してストライキをするなどの組合活動のあり方についての不満を話した。それに対してA1も、自立労連についてはX1と同様の考えをもっていると述べた。

以上のようなことを契機に、X1らは、同年5月頃、自立労連の内部にとどまって運動方針を変えるよう求めても受け入れられる余地はないと考え、別個の新しい労働組合をつくろうと考え始めた。

8月5日、午後5時、新労組の組合員は、支援者と共に組合の結成を通知するべくタカラブネの正門前に集まった。正門前では自立労連の組合員とタカラブネの管理職の一部が待機していた。そこで、混乱を避けるためタカラブネの要請をうけて、新労組側は、X1、X2及びX4とA3が、代表としてタカラブネの会議室に入った。タカラブネ側は、社長、副社長、B4常務及びB10部長が応対した。新労組側は、その場で結成通知書、結成趣意書及び同日付け団交申入書をタカラブネに手渡そうとしたが、タカラブネは受領を拒否し、自立労連との間に唯一交渉団体約款が締結されているので、団体交渉（以下「団交」という）に応じることはできないと答えた。

これに対する野口修副社長の主張は以下の通りである。

申立人らが主張するような新労組の結成趣意書及び結成通知書の受領を拒否し、新労組からの団交申し入れを拒否したのは、新労組が労組法第2条に定める自主性を欠く労働組合だからである。すなわち、新労組は、その結成過程において物流センターの元社長であるB12がX1らに働きかけるなどして介入したほか、B12を通じて悪質な労務屋であるC3が関与しており、C3が関与したのは、タカラブネの最高首脳者の一人に依頼されたからである。したがって、新労組は、従業員が自主的に結成したものではなく、まさに使用者の利益を代表する者の支援の下に結成されたものであるから、自主性を欠く労働組合である。

X1ほか4名を解雇したのは、新労組が自主性を欠く労働組合であり、新労組の組合員には、自立労連と締結しているユニオン・ショップ協定が適用されるからである。

京都府労働委員会は第二組合員の解雇を取り消すよう命令したが、もともと自立労働組合連合をつぶす目的で結成された組織だったので、目的が達せられないとわかると、瞬く間にその姿を消していった。

ペトリカメラ争議

自立労連は上部団体を持たない文字通り「自立」した組合だったが、企業内組合ではなく、平和運動に熱心に取り組み、地域の労組支援や他業種の労組への応援も活発に行っていた。その一つにペトリカメラ争議がある。自立労連がペトリカメラ争議に注目したのは、倒産後労働組合が会社を引継ぎ、カメラの生産・販売を行っていたからである。私もペトリカメラ争議支援のため、カメラを購入したことがあった。

ペトリカメラの歴史を簡単に述べておこう。1907年に東京で創業した「栗林製作所」が17年に「栗林写真機械製作所」となり、写真機（カメラ）の製造を始めた。戦後の1959年に一眼レフカメラに参入し、62年にペトリカメラに商標登録した。「ペトリ」とは「聖ペテロ」のことであり、輸出品のため欧米向けの名称にしたのである。他社との競争（オートフォーカスなどの自動化競争）に負け1977年に倒産するが、労働組合は「ペトリ工業株式会社」として会社を存続させた。ペトリカメラの輸出比率は1965年には85％、倒産直前には92％に達していた。労働組合が会社を存続させる例は全国にいくつかあり、自立労連はタカラブネの経営が傾いた時には、再建のために組合として動くことも考えていたのではないか。

自立労働組合連合の記録　87〜92年

再び『自立労働組合連合20年のあゆみ』（『あゆみ』）より、八郎クーデター後の組合関係の出来事を、年次を追って列記してみよう。

《1987年》国鉄分割・民営化反対闘争について、『あゆみ』には「分割・民営化は国労解体を狙った国家的不当労働行為」とされ、闘う労働組合運動をめざす主張が書かれている。地元の朝鮮人集落であるウトロの水問題（水道が引かれていない問題）集会にも組合として参加している。8月中旬には沖縄派遣団、同月末にはフィリピン派遣団を送り出すなど平和問題にも熱心に取り組んでいることがわかる。

《1988年》自立労働はパートなども組合員として含む労組として出発した。そのためパートの待遇改善は組合運動の柱でもあった。また同年10月30日には反原発大阪集会にも参加していることが注目される。パートの待遇改善運動の前進について、『あゆみ』にはこう書かれている。

八六年の学習会から始まったパート条例制定運動。八七年三月には「パート条例制定実行委員会」を結成し、宇治・城陽・久御山・田辺の地域でビラまき、署名活動や、シンポジューム、勉強会、集いを何度も積み重ねてきました。八七年一二月、二市二町に「パートが安心して働ける施策を求める請願書」を提出。八八年六月宇治市、八九年三月城陽市で採択されました。九〇年三月には「パート実態調査」（請願内容の一部）の結果が報告されました。九一年一月に闘いの成果をまとめたパンフレットを発行。地域のパート労働者の地位向上に大きく貢献し、また自立労連としても退職金制度を勝ち取りました。

京都支部のパートだった深見佳子は「組合活動にかかわって三年目、パートの地位向上を目的に『パートのためのパート運動』の活動が始まり、自分たちの組合であることを一層強く意識するようになりました。近くの駅、町の文化祭等、人の集る場所でのビラ配り、署名運動、陳情等も恥ずかしいと思うことなく積極的に参加できました」と語っている。

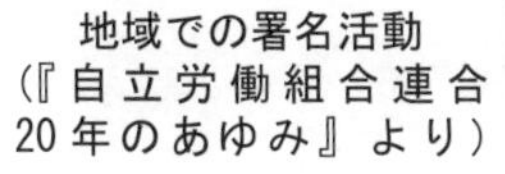
地域での署名活動
（『自立労働組合連合20年のあゆみ』より）

《1989〜92年》89年、90年とアジアの労働者への連帯活動に取り組んできた自立労連にとって、91年1月の湾岸戦争は対岸の火ではなかった。それは湾岸戦争を契機につくられた自衛隊の海外派兵を可能にするPKO法案に反対する運動につながっていった。中部支部の曽我修二は宇治市大久保の自衛隊基地で開催されたPKO反対デモ（キャンドルデモ）について、こう語っている。

……当時僕は組合員になって三〜四年目だったんですけど、この組合はなんて大きな事に取り組んでいるんだろうという感じがしました。こんなに大きい組織＝結集力＝団結力があれば、恐いものなしだ！と思いました。

新開純也、タカラブネ社長となる

1991年、タカラブネは赤字決算となった。経

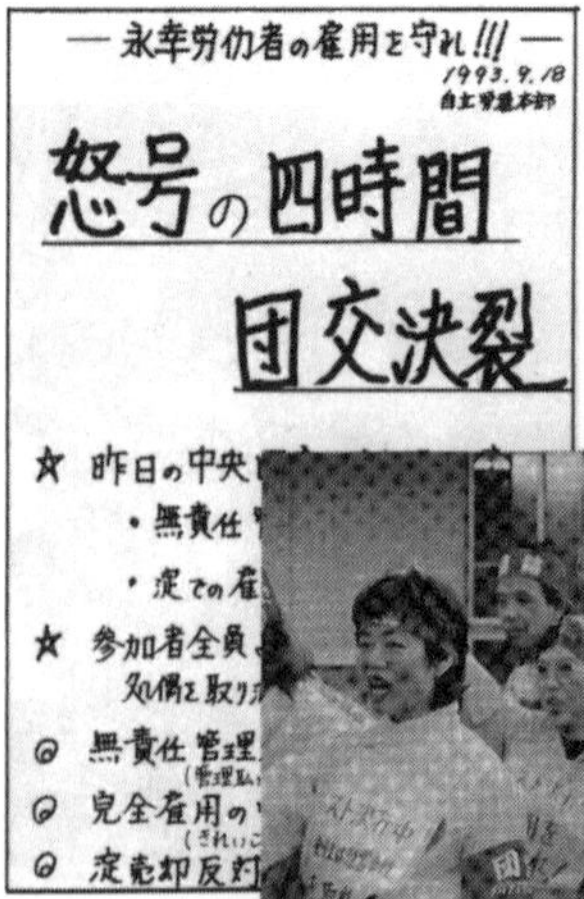

▼八尾物流センター閉鎖反対本社抗議（1993年1月26日）

◀永幸労組淀工場閉鎖問題団交（1993年10月23日）

（『自立労働組合連合20年のあゆみ』より）

営危機が明らかになったのである。経営再建を任されたのは新開純也だった。92年に社長となった新開は八尾物流センター（大阪府八尾市）閉鎖を組合側に提案する。組合は反発し抗議行動を行うも、財務を公開しての新開の提案に対し、93年2月25日の中央団交において、八尾物流閉鎖・売却を受け入れる。

同年3月22日の中央団交において、新開社長は「再建緊急プログラム」を組合側に提案した。21項目のリストラ提案だった。永幸食品淀工場の閉鎖提案に対しては、怒号のなか4時間の団交を行ない、組合として経営の責任を激しく追及した。4月には永幸食品園部工場の稼働が始まるなど、リストラ一辺倒の提案ではなかったが、新開と労組はお互いの主張を受け止めつつも厳しく渡り合ったのである。京都支部の小畑周次は団交の様子を次のように回想している。

八尾センターの閉鎖通告を受けての約半年間、週一回ペースの団体交渉で八尾の組合員達は、回を重ねるごとに今まで顔も見たことのない役員連中に、自らの意見を述べられる様になっていった事が印象に残っている。結果的には閉鎖になり、それぞれが分散していってしまったけれども、八尾のメンバー達にとっては一生忘れる事のない貴重な闘いであったと思っています。

1997年秋、新開純也はタカラブネが買収した関連会社・菊一堂の事務所閉鎖と縮小を組合に提案する。菊一堂は大阪で展開する著名な菓子レストランだった。数店舗を展開し、そのなかでも豊中市にあった菊一堂は、1階でケーキや菓子を販売、2階は食事のできる店だったという。結果論になるが、高級洋菓子レストラン菊一堂はタカラブネが存続する上で残すべき店舗だったのではないか。

リストラの波は瞬く間に本社にも及び、数年をかけて第2次、第3次リストラ反対闘争が展開される。リストラの嵐の後は、タカラブネ本体の倒産が待っていた。

自立労連第22回総会議案書（２００１年９月２日）

自立労連第22回総会議案書のページをめくりながら、組合の議案書が歴史的な文書になる瞬間に立ち会っているという、不思議な感動が身体をめぐっている。私自身、宇治久世教職員組合、立命館宇治中学校・高等学校教職員組合、京都総評宇治城陽久御山地区労働組合協議会などの役員として、毎年のように組合大会のための議案書を書いてきたからなおさらの感慨だろう。倒産4か月前の組合から見たタカラブネの様子がわかる生々しい資料である。

議案書の目次に続くのは委員長のあいさつ文ではなく、組合の闘争を紹介する写真グラビアである。タイトルは「第三次リストラ闘争」。こんな文が添えられている。

「心の痛む人員問題はさけられない」の（※新開純也）社長発言により始まった、京都第二工場閉鎖を焦点とした第三次リストラ闘争は、一月の中央団交を皮切りに第二派に及ぶストライキの貫徹と全支部、単組での団交、連日の抗議行動、第三派ストライキを背景とした闘争により全員の雇用確保など四条件を約束させました。

「雇用確保四条件」とは、1．転勤できない組合員も含め全員の雇用保障、2．敷地売却はしない、3．製造計画の事前協議のための労使協の設置、4．アルバイトの継続雇用の労組との協議であった（140～43ページに合意書）。

各写真にはキャプションがつけられている。矢田基関西支部長の演説する姿、「第二工場閉鎖反対！　経営責任を労働者に転嫁するな！」「閉鎖なき再建」のスローガン、反戦・平和の闘いや歴史教科書問題についての宇治市教委への申し入れなどの写真が紙面せましと貼り付けられている。写真に続く活動日誌には、２０００年７月１日～01年６月30日までの詳細な記録が記されている。

写真を見たあとは、第1号議案（第21期総括・第22期方針）をじっくりと読んでみよう。まずはタカラブネの財務状況を労組がどう見ていたかを示す部分である。

菓子市場の競争激化、経済不安による消費の低迷、嗜好の多様化などによって、私たちが生産する商品の売り上げは悪化しています。バブル期に背負った過大な借金もあって、この一〇年、ＴＢ（※タカラブネ）企業グループは深刻な経営危機に陥ってきました。現在、競争力のない企業はバタバタつぶされていっています。小泉政権の掲げる「二～三年で不良債権を最終処理してしまう」政策は、銀行利益につながらない企業・事業は、容赦なくつぶすというものであり、ＴＢ企業も利益の出る企業となって生き残るか、つぶされるかの瀬戸際に立っています。

こうした認識のもと、組合も会社の合理化政策に協力した結果、3年連続の経常利益黒字化が達成された。しかし、会社側は黒字にもかかわらず第二工場を閉鎖するというリストラに出てきた。「第三次リストラは、今までの労使関係を大きく揺るがせるもの」「労働組合を裏切るもの」と組合は議案書に書いた。ストライキや団交によって、会社側に「雇用確保四条件」を認めさせるなど前進した面も書かれている。議案書は組合から経営者への呼びかけともとれる部分もある。

経営の中には、生産効率のためには労組は足かせだと考え、企業の生き残りのために労組は邪魔者だという考えや労組弱体化を望む傾向が生まれる危険性が高まっています。しかし、まだまだ続く経営危機の中で、この企業に残されている財産は、団結して困難を突破していこうという労働者の力だけなのです。〝弱肉強食〟が当たり前…という世間の風潮に流されず、団結し権利を守って自分たちの職場を守っていく私たち労働組合の闘いを認めさせていくことが必要です。

第2号議案は単組・支部総括方針となっている。タカラブネ労働組合・埼玉支部、東京支部、中部支部、関西支部、京都支部、神戸支部、永幸食品労働組合、タカラブネ物流センター労働組合、菊一堂労働組合などが総括と方針を提示している。このうち、神戸支部と菊一堂労働組合の文書を紹介し、当時のタカラブネをめぐる状況を具体的に理解する一助としたい。

●神戸支部「京都の同業者であったナガサキヤの倒産も、我々に世間の、そして菓子業界の厳しさを実感させることとなりました」「会社が生き残るために競争力が問われる中、どうやって生産をこなし、利益を生み出していくかが日々の業務の課題になっています」

●菊一堂労働組合「菊一堂の旗艦店として歴史的にも古い上野芝店（※堺市）の閉店が私たちの前に大きく表面化しました。会社側は赤字店舗として家賃問題・売上の低迷を理由に私たちの職場（上野芝店）閉鎖を申し入れてきました。再建を労使ともに共通の課題としてきましたが、これ以上の職場の縮小はいかがなものか？　R社員（※レギュラー社員、すなわち正社員のこと）の雇用の保障は？　アルバイトの問題はどうするのか？　労組としてどこまで守れるのか？　を十分に討議し、団交を繰り返し、苦渋の決断をしなければなりませんでした」

組合は会社側のリストラ提案に対して、「断じて受け入れられない」としつつも、今回の財務状況の悪化によるものであり、「銀行の圧力を背景とした経費節減である」と分析する。「莫大な借入金と利益構造の悪化、関連企業の赤字など財務構造は極端に悪い」という点は経営側と同様の認識を示している。組合も苦しい選択をせねばならない時期が来ていた。２００１年1月31日付自立労連中央執行委員会の声明には心を揺すぶられる。

事態の変革に成功し、倒産の危機を乗り切ることは、会社だけでできることではない。全組合員が雇用確保と生活の防衛にむけて全力でとりくむ以外に実現できない課題である。しかし、今回のリストラ提案のように効率化や事態変革に協力すればするほど自分たちの首を絞めるのに手を貸すだろうか？　仲間の首切りに目をつぶることを強制されるならば「全社一丸となって危機乗り切りを！」など空語である。

第3号議案は「第二二期役員体制・組織図」であり、組織図によれば自立労働組合連合傘下にタカラブネ労働組合、タカラブネ物流センター労働組合、永幸食品労働組合、菊一堂労働組合が位置付けられている。なお、タカラブネ労組は埼玉支部、東京支部、中部支部、関西支部、京都支部、神戸支部によって構成されている。第4号議案は「パート組合費改訂について」で、時給の増額に伴い組合費も増額することが表とともに書かれている。

第5号議案は第21期決算・第22期予算であるが、ここでは割愛したい。第6号議案は合意・協定書集となっている。「合意書」を紹介しておこう。

合 意 書

株式会社タカラブネ（以下会社という）と自立労働組合連合（以下組合という）は2001年3月26日に開催した中央団体交渉において、以下の4点を確認したうえで、京都第二工場閉鎖を行うことを合意した。

記

1．2001年3月26日の中央団体交渉における確認事項
1．会社は、京都第二工場に勤務するレギュラー社員全員の雇用を守る。赴任をともなう異

動が中心となるが、転勤できない社員は、京都第一工場や関連会社など通勤可能な範囲で勤務する。個々の配属先については、個別事情を勘案して組合と協議し合意の上で決定する。

2. 会社は、京都第一工場の閉鎖はしない、および京都工場敷地については本社、物流の拠点として、必要不可欠であり、今後も維持する考えであると表明した。

3. 会社と組合は、今回の京都第二工場閉鎖に至る交渉経過に鑑み、経営計画の具体的な遂行に向けた協議の必要性を認識し、特に製造本部については、従来の中央労使協議会、支部労使協議会と別に、製造本部と労組本部との間に労使協議会を設置し、必要な場合は事前に各工場と各支部との協議の場を設定し、充分協議のうえに業務を執行する。

4. 長期継続雇用のアルバイトの処遇については、実態を調査したうえで雇用の継続の方向で組合と協議する。

II. 京都第二工場の閉鎖計画について

1. 京都第二工場における生産終了時期は、2001年5月末日を予定する。

2. 京都第二工場での生産終了予定日およびラインの移転先

シュークリーム・ライン　4月15日　中部工場（食品館商品は神戸工場）へ移設

フルーツケーキ・ライン　5月1日　神戸工場へ移設

ブッセライン　5月12日　生産中止

饅頭ライン　5月26日　中部工場へ移設

3．赴任をともなう転勤が困難なレギュラー社員についての対応

京都第二工場閉鎖にともない、本人が希望した場合は、以下のどちらかの特別に設けた制度を選択して利用できるものとする。

(1)再就職支援制度の適用措置

①支援機関

支援機関を最大3ヵ月として、その間は休職扱いとし、再就職斡旋会社による支援を受けながら再就職活動ができる。

3ヵ月で再就職が決まった時点、または支援期間の3ヵ月が終了した時点で会社都合退職とする。

②支援（給食）開始日

別途に会社、組合で協議して決める。

③休職期間中の賃金

基準月額賃金の80％を支給する。

④再就職会社の支援期間

3ヵ月経過後に再就職が決定していない場合も再就職斡旋会社による支援は、1年間を限度として継続できるものとする。

(2)会社都合退職扱いによる特別退職金支給措置

①特別退職金の支給

やむを得ず退職しなければならない場合は、会社都合による退職金の支給に加え特別退職金として、基本給3ヵ月分を支給する。

②会社都合による退職事由別係数（※省略）

4．パートタイマーについて

京都第一工場に全員、異動する。

以上

2001年4月7日

株式会社タカラブネ
代表取締役社長　　新開純也
自立労働組合連合
中央執行委員長　　田中啓司

【資料の解説】 京都府久御山町にあったタカラブネ第一工場、第二工場はタカラブネを支える基幹的工場であった。第二工場の閉鎖はタカラブネ本体が大きく傾いていることを内外に告白するものであった。主力商品であるシュークリーム・ラインの移転は象徴的な出来事であろう。会社側は切羽詰まった状況下にあったが、組合側は誠実に交渉を続け、パートタイマー労働者は本社第一工場にとどまることになった。

本社第二工場で働いていた近藤芳次（ラインの管理者）は、工場閉鎖にともない希望退職に応じた。近藤は私に「これだけシュークリーム・ラインが動いているのに、工場が閉鎖されるのはおかしい」と語っていた。

タカラブネ、民事再生法申請へ

自立労連第23回総会議案書（2002年9月1日）は、株式会社タカラブネの事実上の倒産（民事再生法申請）の4か月前の文書である。組合は本社第二工場の閉鎖の影響をこうまとめている。

京都第二工場閉鎖は、さまざまな影を労働組合に投げかけるものでした。転勤や配転は、多くの当該労働者に家族生活上の困難や精神的苦痛をもたらすものでした。それまでの転勤・配転でも抱えていた問題ですが、第三次リストラは組織的かつ大規模に直面させるものでした。退職の事態が発生し、雇用を完全に守ることはできませんでしたが、多くの努力が行われました。

また京都第二工場閉鎖は、神戸・中部などに生産ラインが集中し、過密労働を強化させることになりました。工場の24時間稼働も拡大し、深夜生産が増加していきました。労働基準法違反の事態が深まっていったのです。

組合は第二工場閉鎖を受け入れることや、サービス残業もいとわない姿勢で会社再建に協力したが、タカラブネは「その日」を迎える。民事再生法申請は全国ニュースとなった。たとえば四国新聞では「タカラブネが再生法申請/子会社含め負債275億円」の見出しで、次のように伝えている（2003年1月24日付）。記事の写真には、「民事再生法の適用を申請し、記者会見するタカラブネの新開純也社長＝24日午後、大阪市中央区」というキャプションがつけられている。記事全文を転載しよう。

大阪、名古屋両証券取引所第1部上場で、和洋菓子製造・販売のタカラブネ（京都府久御山町）は24日、京都地裁に民事再生法の適用を申請したと発表した。同時に申請した子会社の永幸食品（京都府園部町）も含め、負債総額は約275億円。両社とも営業は継続する。

1952年設立。首都圏や、近畿、九州などを中心に菓子のフランチャイズチェーン「タカラブネ」などを展開し、現在の店舗数は1115店。ピーク時の95年3月期は連結ベースで444億円を売り上げた。

だが、86年ごろからの外食事業などへの進出が失敗し、菓子事業もデパート地下の人気店やコンビニエンスストアに押されて低迷。2002年3月期は連結売上高が355億円にまで減少、純損益も14億円の赤字となっていた。

最近は、新業態の出店や従業員削減などで業績回復を図っていたが、売り上げ減に歯止めがかからなかった。

別の新聞では「新規参入した外食事業や冷凍米飯事業で十分な成果をあげることができず事業整理を迫られたほか、菓子事業も景気低迷と顧客のし好変化で売り上げが減少。工場集約や人員削減などのリストラを進めたが、業績回復に至らず、自力再建を断念した」と書かれている。廉価高品質のコンビニスイーツや高級なデパ地下ケーキ店などに押されただけではなく、焼肉店や冷凍米飯事業、海外（台湾）展開などで資金繰りが悪化し首が回らなくなったという事情もあった。

タカラブネ本社の地元紙『京都新聞』は２００３年1月24付朝刊にこんな記事を載せている。抜粋して紹介しよう。

タカラブネが再生法申請　バブル期　経営の多角化に失敗

タカラブネは、ピーク時の95年3月には連結売上高４４４億４１００万円を計上したが、バブル期に外食産業や冷凍米飯事業など経営の多角化に失敗、主力の洋菓子事業でも消費低迷や競合店の増加で売り上げが減少していた。

94年からは子会社の営業譲渡や資産売却を実施、焼き立てシュークリーム専門店に事業転換を図るなど経営改革に取り組んできたが、２００２年9月中間期に経常損失9億８０００万円を計上。仕入れ先に支払い期限延長を申し込むなど、資金繰りが悪化していた。

今後1年間で全国で約１５０店舗を閉鎖、久御山町の京都工場も閉鎖する方針。大阪市内で会見した新開純也社長は「経営多角化による負債と売り上げ減で、資金繰りが悪化した」

と経営破たんの理由を説明した。

自立労連第24回総会（２００３年10月19日）はそれまでのタカラブネユニオンホールではなく、京都府立城南勤労者福祉会館（宇治市）での開催となった。議案書にはタカラブネの民事再生法申請とその後の経過についてこう書かれている。文書の裏側にある個々の生き方・生き様を考えるとき、胸が締め付けられるような思いになる。

解雇・失業という耐えがたい犠牲、賃金の大幅カットをも甘受して職場を再建していく困難。人生を直撃したこの苦痛を乗り越えようとする私たち一人ひとりが、今、新しい自立労連を作ろうと結集しています。

23期は、まさに未曽有の苦難に直面した年でした。昨秋の京都工場閉鎖方針で、経営は破綻寸前であることが表面化し、年明けて1月24日、（株）タカラブネと永幸食品（株）は民事再生法の適用を申請して倒産。（株）マツハシは同日に破産、28日菊一堂も破産。一旦は再生法を申請した永幸食品はその後、再生の道を絶たれました。

職場の維持と雇用のために、長い間多くの犠牲を払って努力してきましたが、組合員の半数以上が失業する最悪の事態となったのです。

経営は民事再生法適用を申請したものの、負債が大きく実際は破産状態でした。そのまま破産となるか、他資本の下で再生できるかは予断を許さない状態でした。経営は、（株）タカラブネとしての再生を断念し、「営業の全部譲渡」で会社の売れるところは全部売ってしまい、（株）タカラブネは清算・消滅という計画で事業の継続をはかりました。

自立労連はこうした厳しい状況のなか、組合員の雇用を守るために「再就職支援センター」と「退職者分会」を発足させた。組合執行部にいた矢田基もここで活動することになった。議案書には「経済的にも精神的にも、組合員とその家族が打ちのめされてしまいそうな大変な事態のなかで、みんなで励ましあい、明日を作り出していく活動を作り出そうと奮闘してきました」と書かれている。議案書に戻ろう。

再就職できた組合員はまだ少数ですが、退職者分会は、積極的に情報を出し合い、励まし合って職を見つけていく努力を続けています。ハローワーク（職業安定所）のパソコンで求職案内を見ているだけではなく、キャリア交流プラザや産業雇用安定センターなどを活用して積極的に自分を売り込み、就職した組合員も何人か出ています。

多くの人が年内で雇用保険の支給期限がきます。なかなか仕事が見つからない中で、弱気になってきますが、一人では情報も経験も限られます。自分から積極的にチャレンジしていく事が大事です。その努力をみんなで交換し合っていくことで、自分の売り込みのイメージも豊富になります。京都でワイワイがやがやと続けられている定例の全員集合日では、失敗例も含め経験を出し合う求職情報や、学習会などが行なわれています。自主・参加型の再就職支援センターを拡大・発展させ、全員の再就職をめざして頑張りましょう。

多くの労働者にとって仕事・職場は人生そのものであり、心ならずも職場を去り仕事を失うことは、人生を失うことに等しい打撃である。再就職へと気持ちをリセットしても、何度も何度も「不採用」通知を受け取り、自分が否定されているような気持ちになっていく……。組合のリーダーたちは自分の再就職もままならぬ事態のなかでも、組合員一人ひとりの仕事探しを手伝い、心を痛め、涙を流したのである。

組合の再就職支援センターに宛てた組合員の次のような手紙が残されている。読みながら目頭が熱くなった。

2003年9月19日

再就職相談センター（※正式には「再就職支援センター」）御中

拝啓　秋涼の候、ますますご健勝のこととお喜び申し上げます。日頃は大変お世話になっております。

ご無沙汰しております。もう9月なのに残暑厳しい毎日が続きますが、皆さんお変わりありませんか。毎日、職探しの連続でなにかと忙しくしております。

9月初めに産業雇用安定センターにご紹介していただき悪戦苦闘の末、やっと○○社(70名位の会社)に採用される事に決まりました。4月30日に退職してから5ヵ月余りは長く感じられました。求人を探し、履歴書と経歴書を書き、面接を受け・採否を待つ、この繰り返しが14回も続きました。50才を過ぎての再就職は覚悟をしておりましたが予想以上に厳しく、いく度となく落ち込み本当に再就職先がみつかるかどうか不安でした。一人で悩んでいましたら、途中で挫折していた事と思います。ここまで頑張れたのは多くの仲間と共に励まし合い、又各支援センターの支えがあってのことと感謝しております。京都工場の仲間は生涯忘れる事の出来ない大きな財産です。一生懸命仕事を探していると「誰かが手を差し伸べてくれる事もあるものだなあ!」と今回実感致しました。この経験はこれからの人生に大きくプラスになると信じております。

改めてお伺いいたしますが、とりあえず書中をもつてお礼かたがたご報告申し上げます。

末筆ながら、全員が一日も早く再就職される事を心よりお祈り申し上げます。

敬具

タカラブネと営業譲渡契約をしたのは、東京海上日動火災保険が100%出資する、投資ファンド・東京海上キャピタル(TMC)である(1991年設立)。TMCは2003年7月、新会社スイートガーデン、エスジー・ロジスティクスを立ち上げ、菓子事業を継続させようとした。議案書はこう記している。

再雇用された組合員が働く新会社スイートガーデン、エスジー・ロジスティクスでは、「成果主義賃金」が導入され、派遣賃金を「世間相場の水準」と称する〝格付け評価〟が行なわれようとしています。

新会社ということで、これまでの協定・協約を一方的に無視され、長時間残業や広域長距離走行や深夜・早朝までに及ぶ業務など、命と健康に直接関わる重大な事態が強行されています。

こうしてタカラブネ王国は崩壊した。野口五郎が1948年に創業してから55年目の年であった。労働者は退職した者、新会社に移った者などに分かれたが、労組は今も活動を続けている。京都地方労働組合総評議会発行の機関紙『京都総評』2023年6月16日号は、民事再生法申請後20年を経た自立労連についてこう紹介している。

自立労働組合連合は、1980年に結成したタカラブネ労働組合から始まっています。会社は、菓子の製造・販売を行っていたタカラブネです。タカラブネの関連会社や京都府南部で労働組合を結成し、そうした中で、自立労働組合連合を結成しました。

タカラブネからスイートガーデンに、そして不二家グループに

２００３年、タカラブネが民事再生法を申請。事実上の倒産によって、多くの仲間が職場から、労働組合から離れていかざるをえませんでした。

組合の規模が小さくなり、２０２０年には組合事務所を、京都府南部から京都駅近くに移転しました（ＮＰＯ「きづな」を間借りしています）。

自立労働組合連合は１９８９年、労働組合のナショナルセンター（全国組織）の右翼的再編（企業内の御用組合化）のながれのなかで、京都総評の解体に反対する立場で京都総評に結集した。
スイート・ガーデンに移行せずに閉店に追い込まれたフランチャイズ店は、個人事業主とされ組合のように団体交渉することができなかった。移行したものの、新会社での利益率は下がり苦難の道を歩まざるを得ないケースも多かった。その後スイート・ガーデンは不二家グループの傘下となり、その不二家もヤマザキパンに吸収されてしまう。

新開純也はタカラブネ社長を辞めてから3年後の2006年、「反戦・反貧困・反差別共同行動」創設に参加する。かつての学生運動仲間たちは、「新開が戻ってきた」と喝采を送った。新開はふたたび社会運動に身を投じていくことになり、私と出会ったのである。

終幕　流通革命の次に来るもの

大量生産・大量消費社会に陰り

「流通革命」や「価格破壊」という言葉は、中学や高校の社会科教科書に載っており、その点では社会的常識となったといえる。流通こそが価格と生産を決めるということを、実際にやって見せたのだから説得力がある。

消費者が主人公の社会の出現は、元学生運動家の企業経営者たちには平等な社会主義社会が生まれたという錯覚を起こさせた。「一億総中流」という言葉がまことしやかにマスコミを賑わしたのもこの時期である。だが、バブル崩壊後日本のなかの階層格差は修復不可能と思われるほど拡大した。アベノミクスによる株高演出は、持てる者をより豊かにしただけだった。

しかし、現代も続く流通革命が順風満帆というわけではない。流通革命が行き詰まりを見せているのも事実であろう。アマゾンや楽天などの大手ネット販売の台頭により、消費者が店に出かけて買い物をしなくても良くなった。楽天に出店しているなかには個人事業主もいる。個人と個人とがインターネットを介してつながる時代になったのだ。均質な商品の大量生産・大量消費社会に陰りが見えてきたのである。

終幕「流通革命の次にくるもの」では、結論を急がず、現実にあるものから出発して、未来図の一部を考えてみよう。

コンビニスイーツとの競争と敗北

2023年は、日本にコンビニエンスストア第1号店（セブンイレブン）ができて50年目にあたる。1990年代後半からタカラブネの前に立ちはだかったコンビニは、渥美俊一の主宰したペガサスクラブ・メンバーのイトーヨーカドーが創設した小売店だった。コンビニができた1970年代は学生運動の沈静期や、「流通革命」を主導したダイエーなど巨大スーパーマーケットの隆盛期とも重なる。

タカラブネで菓子を買う場合、一つだけ購入することは稀である。それは核家族にせよ、家族という単位での購入個数だった。これに対してコンビニは完全に個人のために販売するシステムをとっている。コンビニスイーツを一つ買うことも可能なイメージだった。コンビニができてからの前半は男性客がターゲットだった。女性たちはスーパーに流れていく。潮目が変わったのは21世紀に入ってからである。魅力的なコンビニスイーツが女性客を惹きつけ、タカラブネの売り上げは落ちていく。。消費者はタカラブネの菓子ではなく、コンビニスイーツを選んだのである。

タカラブネは本業の菓子で勝負するのではなく、多角化経営に乗り出した。焼肉などの外食産業や冷凍米飯などの事業に乗り出したのである。バブルがはじけ、それまで積極的に融資してくれた金融機関が不良債権の回収を始め、貸し渋りに転換する。たちまちタカラブネの財務は行き詰った。8幕では、事実上の倒産後のタカラブネ労働者たちの苦難な再就職問題について書いたが、その苦難はフランチャイズ店にも当然及んでいく。新会社スイート・ガーデンに経営が譲渡されるが、その渦中で淘汰されたフランチャイズ店もたくさん出た。店主たちは、近くの客がコンビニに吸い込まれていくのをただ黙って見ているだけだった。コンビニは専門店ではなく、街の小さなよろず屋として繁栄する。

共同通信配給「コンビニ50年」というタイトルの記事が「毎日新聞」や地方紙に掲載されている。このうち、『京都新聞』(2023年7月5日)から、記事を転載しよう(傍線は筆者)。

セブン&アイHD　鈴木名誉顧問　コンビニ50年「全部挑戦」

コンビニ最大手セブン―イレブンは、新たな流通業態として運営会社が設立されて今年で50年の節目を迎えた。経営者として国民の暮らしを便利にするサービスを次々と世に送り出したセブン&アイ・ホールディングスの鈴木敏文名誉顧問(90)が4日までに共同通信のインタビューに応じ「全部挑戦だった」と振り返った。

総合スーパーのイトーヨーカ堂に中途入社した鈴木氏は、米国視察で目を付けたコンビニを日本に導入しようと、社内の慎重意見を押し切って契約手続きを主導。1973年11月にヨークセブン（現セブン―イレブン・ジャパン）の設立にこぎ着けた。

セブン―イレブンのサービスは24時間営業や公共料金の収納代行、銀行業参入といった進化を続け、社会のインフラになった。その道のりを鈴木氏は「苦労したという記憶はあまりない。当たり前だと思ってやってきた」と話した。

2016年に経営の一線から退いた後も定期的にコンビニに足を運ぶが、サービスや商品のことは考えないようにしているという。「私の立場で（経営について）言ったら現役が仕事をしにくくなる。現役でない私が言ったって雑音ですよ」と指摘した。

「カリスマ経営者」と呼ばれることには「考えたこともない。自分が偉大だとも思ったことはない」と言い切った。経営者としての信念を聞くと、一時参加した学生運動の経験などに触れながら「自分の立場を利用して私利私欲的なことをするのは許せない。公のものを独占し、好き勝手に使うようなことはしてはいけない」と強調した。

セブンイレブンはイトーヨーカドー系列だが、現在は本業のスーパーを凌駕する収益を上げている。同様のことは他のコンビニにもいえる。1980年代までに主要なコンビニであるローソンとファミリーマートが開業するが、それぞれダイエー、西武百貨店の資本で始まった。ダイエーはすでになく、西武百貨店も閉店が続くが、コンビニ事業は拡大を続けてきた。20世紀末は大型スーパー全盛期だったが、こうした小さな小売店であるコンビニが急成長できたのは、細かい客のニーズに応えるシステムが確立できたからだろう。コンビニもまたフランチャイズ方式だった。

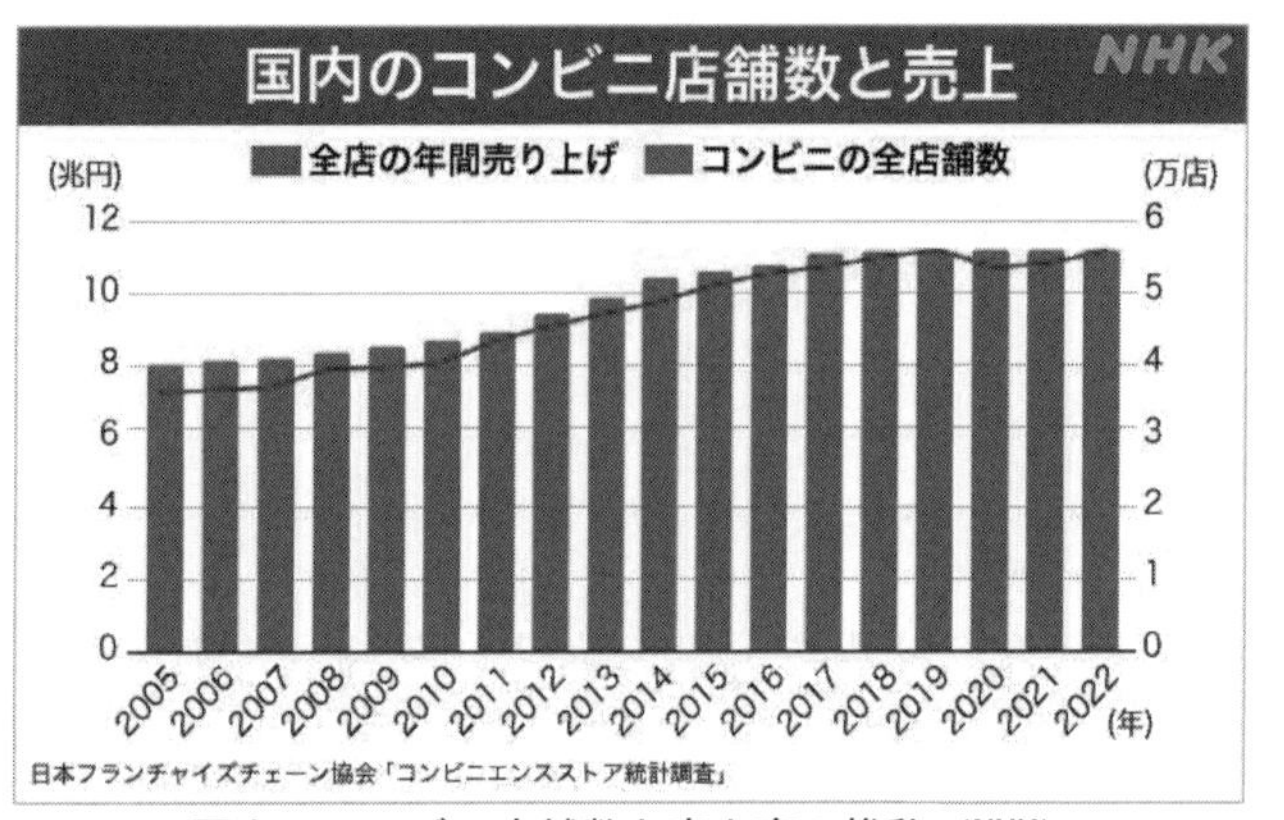

国内のコンビニ店舗数と売上高の推移（NHK）

上の表は「国内のコンビニ店舗数と売り上げ」である。２０１７年くらいを区切りにしてコンビニもまた飽和状態となってきていることがわかる。勝者であるコンビニもまた曲がり角にある。

コンビニに家族連れで買い物に出かけることは少ない。個人が消費行動の基本単位となったのである。スーパーやデパートに個人で出かけるのが当たり前の風景となっている。ファミリーレストランが減少し、個食レストランへと変貌していく時期、タカラブネは銀行の融資をもとに投資し、焼き肉チェーン店や冷凍米飯製造に乗り出してしまった。冷凍庫という設備投資を必要とする冷凍米飯販売は伸びず、「サトウのごはん」などの包装米飯（パックご飯）が独占的な地位を確立した。

ダイエーの衰退とセゾングループの凋落

「価格破壊」「流通革命」の寵児だったダイエーの経営不振は、タカラブネの凋落と重なるものがある。タカラブネ創業者・野口五郎は、ダイエー創業者・中内㓛を尊敬、というより崇拝していた。ダイエーはかつて日本一のスーパーマーケットであり、プロ野球団南海ホークスの経営権を獲得、ダイエーホークス（現在ソフトバンクホークス）と名称を変えこれを傘下におさめた。しかし、バブル崩壊後の1990年代から赤字経営が続くようになり、2001年に中内は経営責任をとって会長職を辞した。

タカラブネが事実上倒産した翌年の2004年、ダイエーは国の特殊会社である産業再生機構の支援を受けることとなり、倒産の危機は脱したが、その衰退は誰の目にも明らかになった。産業再生機構は丸紅をダイエー再建のスポンサーとし、07年産業再生機構撤退後はイオンが丸紅からダイエー株の譲渡を受けた。15年からはイオンの完全子会社となり近畿圏や首都圏で店舗を展開するが、ダイエーの商標はそれから数年をかけて消滅していった。

ダイエー衰退の原因もタカラブネと同根であろう。「価格破壊」一辺倒の戦略から「安く、かつ高品質」路線への転換が果たせず、家電専門店との競争でも敗北していく。メーカーが価格を決める定価システムに風穴を開け、小売（消費者）が価格の決定権を持つという革命的なやり方は時代を動かしたが、やがてそれはダイエーの専売特許ではなくなり、小売業界において急速に求心力を失っていった。

セゾングループの凋落もダイエーの姿と重なる。1964年に西武鉄道の創業者・堤康次郎が亡くなると、二男の堤清二が西武百貨店を中心とする流通グループ（セゾングループ）を、異母兄の堤義明が西武鉄道を継いだ。セゾングループは西武百貨店、スーパー西友、コンビニエンスストア・ファミリーマート、無印良品など最盛期には約100社で構成された。バブルを経て1990年代より成長に陰りがみられるようになり、2001年にセゾングループは解体する。莫大な借り入れにより事業を拡大してきたことも、タカラブネ同様である。セゾングループの個々の会社名は残っているが、それも閉鎖される例が多くなっている。たとえば、滋賀県大津市の象徴的な店舗である西武百貨店は、2020年8月末に閉店した。滋賀県は西武発祥の地であり、旗艦店がなくなるということはグループの完全消滅を意味する出来事となった。

佐野眞一はダイエーやセゾングループの衰退について、こう書いている。


中内ダイエーを代表とする日本の流通小売業は、戦後日本経済の急成長の軌跡をみごとなほど忠実になぞってきた。彼らの多くは、場末の小売店から出発し、株式上場を契機にして資金調達の道を確保し、バブル期に旺盛なM&A（※Mergers（合併）and Acquisitions（買収）』の略）で巨大化の一途をたどってきた。

しかし、西武セゾングループが、88年に約2800億円で買収した「インターコンチネンタルホテル」を売却し、虎の子のファミリーマーケットまで手放したように、大量消費時代の寵児だった巨大スーパーは、いま大きな歴史的転換点を迎えている。

（佐野眞一『カリスマ　中内㓛とダイエーの「戦後」』１９９７年、日経ＢＰ出版センター）

成長する「無印良品」

大学生に戦後史のなかの「流通革命」について教えていた時のことである。ある学生が私に質問した。

「大量生産・大量消費社会って、安価で均質な商品をどこでも買うことができる社会ということですよね。それって、消費者にとってはとってもありがたい社会ということじゃないですか？」

「うん、いい質問だ。かつてソ連の大統領をつとめたミハイル・ゴルバチョフがある種の皮肉もこめて『日本は世界で一番成功した社会主義国』と言ったことがあるが、社会主義国と言われていたソ連ではなく、中流層が増加し流通革命が起こった資本主義国日本が社会主義に近づいたと指摘したわけだ。けれどバブル崩壊後日本には格差が広がり、もっとも新自由主義的な弱肉強食社会になってしまった」

格差が拡大すると、高額所得者はブランド物を求めたり、大量生産された商品を避けたいという心理がはたらくようになる、そのことが大型スーパー（※ここではダイエーを指すが、学生は知らない）倒産に原因にもなった。没落する中間層も単純に安いものを求めるわけではないと説明したら、再び学生が手を挙げた。

「学費が高く、バイトをしなければ生活できないのですが、それでも百円均一に行くのは嫌なので、最近は無印を使っています」

「無印良品だね。どんなものを買うのかな?」

「化粧水です。それからレトルトカレーも」

無印良品は、1980年にセゾングループの堤清二が提案して実現したブランドである。現在は良品計画という会社がやっており、関西圏では主にイオン内に店舗を構えている。バブル後の1990年代に他の流通業が経営難に陥った時に、セゾンから離れ、他の商品との差別化（少し価格は高めだが「良品」であり、過剰包装はしない等）をはかり、成長を続ける。現在店舗数は全世界で1000店を越えたといわれる。「無印の家」というスマートハウス（タイニーハウス）まで販売し、コンビニやユニクロ、ニトリなどと並ぶ「成功例」の一つとなった。

ただこの無印良品も全国均一の商品の提供という点では、タカラブネなどと同様のチェーンストア理論に基づくものである。流通革命の次のステージを考える際、無印良品がどこまで参考になるかは現時点では不透明だ。

生き残る町のケーキ屋～リプトンからトップスへ

琵琶湖から流れ出す川は上流から瀬田川、宇治川、淀川と名前を変え、たくさんの支流を迎え入れるが、川の流れは一つである。南郷洗堰（あらいぜき）は瀬田川の水量を調節するための堰で24時間体制の稼働となっている。この南郷洗堰近くに「トップス」という小さな街のケーキ屋がある。クオリティーが高いので、つい寄ってしまう。1年に数回に過ぎないが20年近くもこの店に通ったので顔なじみになり、店番をしている経営者のパートナーの方と話す機会が何度もあった。

そのなかで断片的に、「夫の父はリプトンのケーキ職人で取締役もしていた」という話を聞いた。リプトンは京都にある紅茶と洋菓子の高級レストランで、ケーキ販売もしている。1幕でも触れたが、リプトン京都三条店がオープンしたのは1930年だった。リプトンは京都における紅茶文化発祥の地となるが、紅茶に欠かせないケーキやクッキーなどの洋菓子の普及は戦後のことになる。彼女のいう「夫の父」は森岡清といい、1933年12月12日生まれ。20歳でリプトンに就職し、ケーキ職人として腕を上げ、会社内の地位でも上り詰める。常務にもなったが経営陣と対立し、1983年にここ南郷の地に「ケーキハウス・トップス」を開店した。南郷店も入れて4店舗（宇治や京都市山科にも）あったが、厳しい競争もあり、現在は南郷店のみ。息子さんとお孫さんが跡を継いでいる。

京都駅にあるリプトンのショーウィンドウをのぞくと、1000円前後の価格のついたショートケーキが販売されている。タカラブネとは真逆の高価格帯のケーキで生き残ったかたちとなる。これに対してトップスのケーキには、380円のケーキが3品もある。観光地のケーキ店が700円前後の価格のショートケーキを販売しているのに比べると、安い感じがする。しかも、とても美味しいケーキである。40年間続けて来られたのは、個人店としてのレベルの高さがあったからだろう。コロナ禍もあり、近くのケーキ屋でケーキを買い、家で食べることが多くなったという事情も、トップスには幸いしたといえる。

トップスも含め、街のケーキ店では自家製ケーキの製造・販売を行なうが、長く続いている店にはそれなりの理由がある。均質な洋菓子を大量生産で安価に提供するという、タカラブネ大船団の大波につぶされなかった、街のケーキ店に足を運んでみたいものである。

労働価値説と『資本論』

私の趣味は木工作である。廃材を利用して巣箱を製作し、木に吊るした。巣箱の屋根からニョキッと出ているアクセントは、長崎県五島列島で拾った椿の木の一部である。この巣箱、けっこう気に入っているのだが、これは商品ではない。商品とは市場で販売することを目的に生産される財である。ひらたくいうと「売るためにつくられるもの」ということになる。

マルクスの『資本論』には、商品には2つの価値があると書かれている。使用価値と交換価値である。巣箱をフリーマーケットに出品すれば、立派な?商品になる。庭のインテリアや小鳥の住まいになるという使用価値を認めた人びとにより巣箱は購入される。

使用価値を商品名としてしまったメーカーがある。世界一の売り上げを誇る使い捨てカイロ「ホカロン」のロッテ。科学的に熱を発生させるパッケージに「温まりますよ」というメッセージを込めた。ホカロンは、ロッテがお菓子の酸化を防ぐ「脱酸素剤」を開発しているとき偶然に「発明」した商品である。

使用価値があるからこそ、交換価値も生じる。欲しいと思う商品だからこそ、価値あるものとなる。交換価値とは、ぼくのつくった巣箱の価格である。500円という価格がつけば、現金で買うことができる。現金もまた、貨幣という商品である。この巣箱にはぼくの労働が詰まっている。汗の結晶なのである。

著者手作りの巣箱

価値は労働時間によって決まるという「労働価値説」は勤労を尊ぶドイツやイギリスのプロテスタント（キリスト教の新派）や日本の風土ともよく合った理論だった。日本では勤勉と節約は下級武士や百姓の美徳とされた。「借金をするな。働いて稼いだ賃金だけで生活しろ」は、家が下級武士出身だった父の口癖だった。金銭的な意味では成功者ではなかったが、父は清貧という言葉が良く似合う文化人だった。

父の考えは根底にあるのが「労働価値説」。英国人アダム・スミスは「神の見えざる手」などと自由主義経済万能論を唱えたが、一方で彼の所属する古典派経済学派の理論は労働価値説に貫かれていた。労働こそが商品の価値を決めるという労働価値説は、古典派経済学を受け継いだマルクスの『資本論』の重要な柱にもなっている。労働価値説は「正直ものが馬鹿をみない世界」を目指す。

ある中学生の保護者がこんなメールをくれた。

森友学園の問題をめぐって、テレビをつけたら「ソンタク」って言葉が　飛び交っている。前は誰かが「オモンバカル」って言っていた。いつからこんなやっかいな世の中になったのだろう。もっと正直に生きたいなって思う。私の知り合いに、息子2人の名前を正直から一文字ずつとって「正人」「直人」とした人がいる。大切なことだと思います。

国際金融資本やヘッジファンドなどが暗躍するマネーゲームの時代、労働価値説が説得力を失いつつあるのも事実である。一夜にして巨万の富を稼ぐ人びとに、「世の中の価値あるものは労働の産物である」と言っても伝わらないのは仕方がないのかもしれない。

株高で大儲けしている日本のアベノミクス信奉者たちもまた「反労働価値説」である。これに対して「流通革命」の場合は、労働にもとづく商品の生産が前提にあるので、反労働価値説にはなりにくい。タカラブネの場合、店舗はフランチャイズとしたが、生産は自社工場や各連会社の労働者たちが担っていた。

知り合いのNHKディレクターから教えてもらった。日銀（日本銀行）の「異次元」金融緩和や年金財政の株式投入など、いわゆるアベノミクス「効果」による株高のため、億単位で利ザヤを稼いだ人たちのことを「億利人（おくりびと）」と呼ぶ。ディレクターは彼ら「億利人」たちを直接インタビューしたという。

株や相場に手を出して巨万の富を得た人の話も聞くが、一方で一生働いても返せない借金を背負い込んだ人の話もある。「儲かる話は人にしない」ことは経済の常識だが、「儲かる人がいれば、同じように損する人もいる」ことも経済学のイロハである。

成功した一握りの人だけが、著作や講演で成功談を披露するから、誰でもが成功できるのだと錯覚するようになる。失敗するのは意欲がないからで、強い意志さえあれば成功を手にいれるのだと成功者は訴え続ける。「願えばかなう」とセミナーで語る講師もいる。眉に唾つけて聞く姿勢が必要だ。

資本主義にかわる経済システムへの展望〜高橋洋児と槌田劭

かつて歴史上例をみないほどの格差が広がった日本と世界、人類の経済活動は地球環境をあっという間に破壊するまでに至った。資本主義の市場システムの、圧倒的な力と広がり、速さと変幻自在さにはそれを生み出した人類自身が翻弄されるほどだ。本書で紹介したチェーンストア理論の普及者・渥美俊一が主宰したペガサスクラブの構成員の約半分が、市場の競争を通じて消滅していったことは、象徴的だろう。

かつて資本主義にとってのアキレス腱は、「恐慌」であった。1929年の世界大恐慌がそうであったように、恐慌は大量の失業者を生み出し社会不安を醸成する。その処方箋は社会主義経済しかないと認識された時期がある。先進国では労働争議が頻発し、公然と革命を掲げる政党も活動した。日本の場合、治安維持法がそれらの運動に襲いかかったが、それでも戦前においてもっとも活発な運動が展開されたのは恐慌時である。

「恐慌」を乗り切ろうと、各国の政権が選択したのは戦争への道、あるいは社会主義的な政策を取り入れたケインズ経済学の採用であった。ナチスドイツや日本は戦争を選び、アメリカはニューディール政策という政府による経済のコントロールの道を進んだ。戦後の冷戦期は先進資本主義国間で通貨や経済政策を調整し合うことが常態化したが、ソ連崩壊後の各国の社会主義勢力の影響力低下後は、再びむき出しの自由主義（新自由主義）が跋扈するようになり、経済格差は修正できないまでに拡大し固定化していった。

タカラブネやダイエー、セゾングループが傾き始めた1990年代に書かれた高橋洋児『市場システムを超えて　現代日本人のための「世直し言論」』（1996年、中公新書）や、資本主義が社会主義に勝利したと言われた1980年代から90年代に読まれた槌田劭『共生の時代　使い捨て時代を超えて』（1981年、樹心社）などを手がかりに、資本主義にかわる経済システムについて考えてみよう。

高橋洋児は「資本制経済は本質的に革命的である」と書いた上で、その革命性をもっとも端的にあらわしたのがマルクス・エンゲルス著『共産党宣言』（1984年）であると指摘し、『宣言』の次の文章を引用する。

　ブルジョワジーは、かれらの100年になるかならずの階級支配のうちに、過去の全世代分を合わせたのよりも大量の途方もない政策諸力をつくり出した。自然力の征服、機械類、工業や農業への化学の応用、汽船航路、鉄道、電信、全大陸にわたる開墾、河川の運河化、地から湧いたように出現した全人口群――これほどの生産諸力が社会的労働の胎内でまどろんでいたとは以前のどの世紀が予知しただろうか。

資本主義のもっとも的確で最大の批判者であるマルクスは、同時に資本主義の持つ合理性や力強さを痛切に感じていたことになる。マルクスはその後『資本論』研究に生涯をささげ、それは盟友エンゲルスによって完成したとされる。自著を『資本論』と命名したなかに、マルクスの資本主義に対するある種の畏敬すら感じると思うのは言い過ぎであろうか。マルクスは『共産党宣言』において予言的に語っていた「ブルジョワ的生産および交通諸関係、ブルジョワ的所有諸関係、すなわち、かくも巨大な生産手段と交通手段を魔法のように出現させた近代ブルジョワ社会は、自分の呪文で呼び出した地下の魔力をもはや統制できなくなった、あの魔法使いに似ている」という部分を、『資本論』における恐慌論の展開というかたちで完成させるのである。

高橋洋児は恐慌をも乗り越えてきた現代資本主義の優位性を認めた上で、制御できないまでに拡大した資本主義経済をコントロールする方法として、企業と個人の私的制限を主張する。いうまでもなく、個人主義や自由主義は西欧民主主義のなかで確立された概念であるが、そこに切り込むことなしに欲望の肥大化は抑えられないと高橋はいう。

一方、槌田劭は『共生の時代』において、工業化文明の崩壊は避けられないという認識の上で、自らの生活を含む日常から変えていかなければならないと、「使い捨て時代を考える会」を設立し、反原発運動にも取り組んでいる。同書の「あとがき」で槌田はいう。

この危機の時代を貫いて流れる本質が利己主義・刹那主義であり、資源エネルギー問題、廃棄物ゴミ問題、農業・食料問題など社会のあらゆる困難・危機はこの本質から発している。工業的繁栄は幻であり、すでに崩れつつある。崩れに備え、社会と暮らしを変えねばならない。八年前に使い捨て時代を考える会をはじめて以来、私の努力は意識的なものとなった。

資本主義の本質である個人主義（槌田の言葉では「利己主義」）の結果生み出された「使い捨て時代」を超えるための実践の模索こそが、槌田劭の提起である。「生きるために必要なものはわずかである。しかし、私たちは多くのものを必要だと錯覚し、あくせくと無理を重ねている。無理を重ねて、いがみ合っている」という現状認識のもと、槌田は資本主義的発想をやめ、農業的発想に変えねばならないという。都市部に住むものがどうやって農村とつながるかを模索するのである。

高橋洋児は資本主義的な欲望に対し制限をかけるべきだと述べ、槌田劭は実践的に欲望を克服する方策を考えている。私の場合は本書で流通革命の具体例としてタカラブネについて書きつつも、高橋ほどは学問的ではなく、槌田ほどは実践的でない暮らしをしている。地元紙に掲載した2つのエッセイ「牧歌的資本主義と強欲資本主義」「夢を欲望と言い換えてみると」を紹介してまとめとしたい。

牧歌的資本主義と強欲資本主義

仕事の終わった夜、行きつけの台湾ラーメンの辛さに舌鼓を打ち、舌から唐辛子の香りが抜けるまでに車を飛ばし、駅前でたい焼きを食べる。ラーメンとたい焼きで正味800円かかるが、この贅沢は何にも代えがたい。夢の夕食と言えば大げさかもしれないが、本当にやっていることだ。たい焼きはホームセンター等の屋台で買えば90円、駅前では130円。値段の違いは消費者の需要の高さの差でもある。ただ、平均すればたい焼きに込められた労働力はある一定の量として計られる。

たい焼き店が個人経営でない場合は、原料代や燃料費、地代などに加えて労賃を働いている人たちに支払わねばならない。労働力は剰余価値を生み出す特別な商品である。経営者は剰余価値をわが物とする（搾取する）なかで利潤を得る。利潤の多い場合は、拡大再生産に投資し、店舗規模を大きくしたり店舗数を増やしたりする。

個人経営者が街に多くいた時代、商店街が生き生きとしていた時代は、経営者たちは職人でもあった。食肉を販売する店、たい焼きを焼く店、仕出し屋、豆腐屋などは職人芸を売り物にしていた。

これらの個人事業主は時には売り上げを度外視して住民のために尽くすなど、職人としての心意気があった。被災地などで活躍する彼らの姿をとらえた映像に接すると気持ちが温かくなる。

一つ例を上げよう。久しぶり、というには長すぎる20数年ぶりに、川釣りがしたくなった。自宅の倉庫を調べたら竿やリールなどはあったが、そのほかの道具類は処分してしまっていた。幼い娘や息子とよく行った、近所の小さな釣具店（文具店でもある）のことを思い出した。その釣具店には小柄な「おばあちゃん」がいて、子ども相手の「三文商い」をしていた。釣り用の重り1袋が、10円という世界である。

晴れた5月の昼下がり、引き戸を開けて釣具店の狭い店内に入ったが、誰もいない。「こんにちは」と大声を上げると、20数年前と同じ「おばあちゃん」がにこにこと笑いながら出てきた。あまりの懐かしさに、ぼくは旧知の人のように話しかけてしまった。

「子どもたちが小さかった頃、釣り道具を買いにこの店によく来ました」

「いま何年生や?」

「もう成人して仕事をしています」

「最近は、川が危ないということで、子どもたちが釣りをしなくなった」

おばあちゃんは残念そうに言った。

店内を見回ったが、商品の配置は当時のままだった。驚いたのは、昔からずっと置いてある商品には当時のままの値札がつけてあった。

「釣った魚をいれる魚籠（びく）が欲しいのですが……」

「新しいプラスチックのものはないよ」

おばあちゃんが取り出してきたのはブリキの魚籠だった。「７００円」の値札がついていた。

「古い物なんで500円でいいよ」

釣り糸、浮き、重りなどを買い込み、総計700円支払った。

「お歳を聞いてもいいですか?」

「80になった」

「それにしてもお元気で何よりです。また来ます」

20数年前、60歳前の彼女をぼくたちは「おばあちゃん」と呼んでいた。自分がその年齢になって、日本が歴史的な高齢化社会に突入したのだと実感した。店を出る時に、心がとっても温かくなっていることに気づいた。まさにこれが「牧歌的資本主義」に違いない。

さて「牧歌的資本主義」の対義語である、「強欲資本主義」の言葉を広めたのは、評論家の田原総一郎である。小売業や町工場などの「牧歌的資本主義」に対して、近年の資本主義経営者は強欲になったと田原は語っている。かつては、労働者や市民の運動が資本主義の強欲性を緩和してきた。経済学者の森岡孝二は『強欲資本主義の時代とその終焉』(桜井書店、2010年)のなかで、強欲資本主義の蔓延で近年の労働条件は前世紀に戻ったかのように悪化したと述べている。


この三〇年余りのあいだに資本主義は大きく変化してきた。新自由主義の政策イデオロギーが現実政治に浸透した国々では、金融と雇用の規制緩和が進み、それがアメリカ主導のグローバリゼーションと交錯して、ファンドマネーが世界を駆け巡る「株主資本主義」の時代が出現した。それとともに戦後、長らくつづいてきた安定的な雇用関係が崩壊し、労働者の状態はまるで一九世紀に逆戻りしたかのように悪化した。

大企業の「地球にやさしい」というキャンペーにも、森岡氏は疑問を提示する。

大企業の多くは地球にやさしい、と唱えているが、エコビジネスに熱心ではあっても、二酸化炭素排出量規制に対しては消極的であり、真に地球にやさしいか疑わしい。ましてや企業で働く人間にとってはもっとやさしいかどうかうたがわしい」（森岡前著「終章」より）

資本主義はもともと強欲なものだ。マルクスは『資本論』のなかで「資本はその運動を通じて自己増殖する価値である」と繰り返し述べている。自己増殖とは、労働の生み出す利潤を資本に拡大再生産を続ける資本主義のシステムの本質を表す言葉である。株取引などによる利ザヤのことではない。

元外務省官僚の佐藤優は経済学者・鎌倉孝夫との共著『はじめてのマルクス』（2013年、週刊金曜日）において、「株価を基準に経済を考えるという発想自体が、既に特殊なイデオロギーを自明の前提としていることに気づいている人があまりにも少ない。すこし乱暴な言い方をすれば株価至上主義という宗教にわれわれはマインドコントロール（洗脳）されているのである。しかし、マインドコントロールされている集団のなかにいると、その現実に気づくのは至難のわざだ」と書いている。「洗脳」とは文字通り脳を支配することで、そのための道具が夢を見させることなのである。

夢を欲望と言い換えてみると

「夢」という言葉に気をつけよう。

こんなことを書くと、多くの人から「とんでもないことをいう奴だ」と非難されるかもしれない。それほど、世の中には「夢」が当たり前のように氾濫している。広告チラシやネットを見れば、必ず「夢」という言葉に出会う。


「あなたの夢が未来をつくる」

「夢をかなえる学校」

「見つけよう君の夢を」


現代社会は、バラ色の夢に満ちているのか。いや厳しい現実だから、夢を追うことで心を豊かにしようとしているのか。夢を見ることで将来がバラ色になるのか。バラ色の将来とは何か？

学校でも教師が子どもたちに「君の夢は何かな？」と語りかける。

「じゃあ、そもそも夢って何だろう？」と問うと、なぜか答えが返ってこないことが多い。自明なのか、それともわからないのか？

一番無難な答え方は「人それぞれ」。結局何も答えていないのと同じだけど、意外とこの答え方をする人がいる。こうした具体性のない一般論をいう人を、僕はあまり信用しない。

実は夢には2種類ある。2種類の夢が同じように使われている。志の高い内容の「夢」と、「夢」という名の個人の欲望である。貧しかった少年期、僕の夢は、「大福もちを死ぬほど喰いたい」だった。食欲という生きるための欲望が、夢になったのである。

志のあるほうの「夢」について述べてみよう。1963年8月キング牧師は、差別され、虐げられている黒人たち仕事と自由を求めた「ワシントン大行進」の最後の演説者としてステージに上がった。そして、歴史的なスピーチ「I Have a Dream」をした。有名な一節を紹介する。アメリカ南部ジョージア州は、当時黒人差別の過酷な地域として知られていた。

> 私には夢がある（I Have a Dream）。それは、いつの日か、ジョージア州の赤土の丘で、かつての奴隷の息子たちとかつての奴隷所有者の息子たちが、兄弟として同じテーブルにつくという夢である。私には夢がある。それは、いつの日か、私の4人の幼い子どもたちが、肌の色によってではなく、人格そのものによって評価される国に住むという夢である。（中略）私には夢がある。それは、いつの日か、不正と抑圧の炎熱で焼けつかんばかりのミシシッピ州でさえ、自由と正義のオアシスに変身するという夢である。

何という崇高・壮大な夢であろう。ワシントン大行進の翌年、アメリカ議会で公民権法が成立し、公共の場での人種分離の禁止、公立学校などにおける人種統合を規定し、人種や民族による就職差別を違法としたのである。

キング牧師の演説がそうであるように、かつて「夢」という言葉には万能の魔力があった。しかし、いま聞く「夢」には安直の香りが漂う。広告やネットに漂う「夢」……。

「夢の生活」
「夢をかたちに」
「夢のある人生」

これではまるで「夢」のバーゲンセールだ。当たり前のことだが、キング牧師の云う「夢」とネット広告の「夢」とはまったく違う。ではどこが違うのか?

「夢」には、「夢想」という言葉からもわかるように、実現までがむずかしいというイメージがある。キング牧師の夢は人種差別を一掃することだった。困難を伴う願いをキング牧師は「夢」と言った。これに対して、「夢の生活」という場合の夢とは、前にも書いたように資本主義がもたらす個人の欲望だろう。「欲望」が「夢」と言い換えられることで、ポジティブなお墨付きを付与される。逆に「夢」を「欲望」に置き換えてみよう。

「欲望の生活」

「欲望をかたちに」
「欲望のある人生」

これでは、露骨すぎ、文字通り「夢がない」しかし、欲望は満たされねばならない。本書中にたくさん例をあげるように、現代の資本主義社会は多くの夢（欲望）を無理やりに創り出し、人びとに消費させようとする。

個人の欲望（夢）のうち、実現に向け努力が必要なものがある。宝くじに当たる夢は努力はいらないが、弁護士になる、芥川賞作家になる、ミュージシャンになるなどの夢には才能だけではなく、大きな努力が不可欠だ。努力が必要な夢については、「自己実現」という言葉がセットで語られる。「自己実現」とは、夢を現実のものにすることの総称だろう。「思えばかなう」「なりたい自分になる」など、自己実現の方法ついて書かれた書籍が、書店に溢れている。自己実現ではないが、自己啓発と名のつくセミナーも多い。「夢」の拡大とともに、実現すべき「自己」も肥大化する。効率的に自己実現をはかることが、上手な生き方として推奨される。

自己実現に向けて努力することで夢がかなう、「思えばかなう」などという安直な講演会などもあり、それが満席になるというくらいだから、深刻である。「ささやかな幸せが欲しい」という小さな夢でいいのに、分不相応の大きな夢を持たせようと学校やマスコミは騒ぐ。それが資本主義だからである。資本主義はすべてのことを商品化し、そこに利益を求めようとする。最近の小学生が「人に感動や勇気を与えられる人になりたい」というとき、大福もちを食べたかった少年期を振り返り、私は背筋に冷たいものが走るのだ。

綿矢りさ『夢を与える』（河出書房新社、2007年）は、夢を売っていると言われるアイドル業界のどす黒さを描く小説である。こんな会話がある。


「夢を与えるって、どういう意味？」

「それは限られた人だけが言える最高の言葉だよね」


さて、夢のなかで悪夢といえば、仮想通貨の流失と暴落のニュースを思い出す。「ビットコイン勉強会～夢実現のために」という有料講座があった。仮想通貨で儲ける（自己実現する）ためには、講座拝聴という「努力」が必要なのである。

江戸時代は身分間の流動性は小さく、先祖から受け継いだ身分に付随する仕事を続けることが当たり前だった。「分相応」「身の丈」という言葉は、そんな時代だからこそ生まれたのだろう。明治になり、「四民平等」で職業選択の自由が生じると、身分の軛を脱し新しい職業に就く「夢」が生まれた。近代日本は資本主義を発展させるため、安価で均質の大量の労働者を必要とした。その供給源は農村であり、均質化する仕掛けは学校教育だった。明治から始まった農村から都へとの人口移動は、戦後の高度経済成長期に後戻りできないほどに拡大した。都会は夢に満ちているとマスコミが喧伝した。

こんにち大都市と地方都市、農村の格差は極限にまで拡大した。だが都会に出ても、豊かな夢の暮らしが待っているわけではなかった。それでも若者は地方から都会に出ていく。統計指数では現在は景気が良いらしいが、ぼくたちの暮らし向きはいっこうに良くならない。何よりも賃金が低すぎる。これだけ非正規雇用の人たちが増えると、非正規のまま定年を迎えることも当たり前になる。定年になっても、年金は雀の涙ほどしかもらえない。社会保障費はどんどん減らされ、消費税は増税される。失業や生活苦は働く人たちの「自己責任」とされ、貧しい人たちがより貧しい人たちをバッシングするのが今の社会である。弱肉強食ではなく、弱肉弱食の時代になったのである。

今の日本、老人も青年も苦しんでいる。ある青年はいう。

「来年ではないのです、明日が見えないのです。この先わたしたちの生活はどうなっていくのか、人生はどうなるのかがわからないのです」

こうした青年たちの思いを前にして、ぼくと仲間たちは、2017年と18年の9月から12月にかけて月2回のペースで、京都府南部で社会人を対象にした労働学校（6講座「政治学」「歴史学」「経済学」など）を開校することにした。多い時には100人を越える人たちが参加した。しかもその約半数が青年だった。

ぼくは経済学を担当したが、仕事で疲れている平日の夜の講座ということで、わかりやすく楽しい内容にすることにした。講座に参加した20代の女性は、こんな感想を書いている（傍線は感想を書いた女性が引いた）。

全6講座に参加し、毎回「なるほど、そうだったのか」と深い学びになりました。世界中でなくならない戦争、戦争前夜の日本、格差と貧困、沖縄基地問題。私たちを取り巻く今日の社会状況は、きわめて困難です。「もう知らない」と目をそらしたくなります。でも、それらはすべて自分の問題でもあり、正しい情報を見極め、自分の頭で考え、行動することが、必ず社会がよい方向に向かうことにつながるんだと知りました。絶望するだけでは何も始まらない。私の一歩が社会を大きく発展させる一歩になるんだと気づきました。今後も政治や経済、歴史、科学などを広く学び続け、「なんで?」を大事にしながら、平和を求めてできることから行動していきたいです。学び、大事にしたいですね。

経済学講義のベースになったのは、京都府南部の地域紙『洛南タイムス』(日刊)に連載していた読み物、「ゆったんの資本論~暮らしのなかの経済学」である。マルクス『資本論』の神髄とぼくが思っているのは、古典派経済学から受けついだ「労働価値説」である。働くことこそが商品に価値を生み出すという「労働価値説」は、仮想通貨を例に出すまでもなく、倫理観としても正しいといえるのではないか。

学問は読んでもらい、聞いてもらって初めて「生きた力」になる。アベノミクスと呼ばれる経済政策がどれほどぼくたちを苦しめているのかについても、書き、話した。統計数字も多かったが、経済学の講座としては聴衆の方がたに思いのほか高い評価をいただいた。

おわりに――タカラブネ争議と私

タカラブネ（京都府久御山町）が事実上倒産した2003年、私は隣接する宇治市に事務所を持つ宇治久世教職員組合の役員をしていた。店舗数日本一の菓子チェーンがなくなるという未曽有の事態のなかで、多くの労働者が失業し、フランチャイズ店が店を閉めざるを得なかったにもかかわらず、タカラブネ争議の支援活動に私は汗を流さなかった。

本書「序幕」の「近鉄大久保駅踏切事件」で書いたように、タカラブネとは浅からぬ因縁があり、二の足を踏んだのが理由だった。個人的な事情で同じ労働者を支援しなかったことは、私の胸にずっと重石のようにあった。自立労働組合連合（元タカラブネ労組）のある組合員は大量失業を食い止められなかった自分の責任について、「倒産から20年が経過しましたが、倒産という事態を避けられなかったのか、失業した組合員ともっと寄り添えなかったのかと自問自答してきました」と語ってくれた。

歴史研究をしていると気づくのだが、圧倒的多数の人びとが少数の権力者に支配されてしまうのは、多数にもかかわらず分断されてしまうからである。分断の事情はさまざまである。原発などの補助金をめぐること、職場における第二組合結成、イデオロギー対立など……。宇治原子炉設置反対運動の歴史を調べるなかで知り合った槌田劭さんからは、私たちに「小異を尊重して大同につく」と教えてくれた。

「いつかはタカラブネのことをまとめねばならない」と考えていたが、果たせないまま月日が過ぎていった。ところが2022年の総選挙を前にして、野党共闘を目指して活動を続ける、京都6区市民連合の活動にかかわることとなり、そのなかの中心的役割を果たしていた佐々木真由美宇治市議（無党派）を通じて新開純也さんと知遇を得た。新開さんは、タカラブネ最後の社長だった。この出会いを機会にして、タカラブネの歴史を書くことを決意するに至った。

新開さんの口は重かったが、京大学生運動についてのさまざまな文献をお貸しいただくことになり、1950年代について一から学びなおすこととした。新開さんをタカラブネに引き込んだ野口修さんは、京大学生運動時代の先輩だった。

タカラブネ労組の活動に関しては、組合役員の矢田基さんから膨大な組合関係の冊子をお借りすることができた。この冊子なしには、タカラブネそのものの歴史を書くことはできなかった。また、自身もタカラブネにパートとして勤務したことのある巽悦子さん（久御山町議）からは当時タカラブネで働いていた人たちに取材する機会をつくっていただいた。巽さんの紹介で知り合った本社第二工場（シュークリーム・ライン）に勤務した近藤芳次さんからは、貴重な写真や史料を見せていただいた。お名前を紹介できない方々も含めて、多くの方々に改めてお礼を言いたい。

タカラブネを始めとする日本の流通革命の中核を担った企業は衰退したが、革命そのものは進行中である。元学生運動家たちのなかには、流通革命の未来に社会主義的なユートピアを感じた人もいたという。

矢田基さんは、労組役員として団体交渉した際の思い出を次のように語っている。

タカラブネでは学生運動を経験した猛者たちが、流通企業の熾烈な争いの中に入り、水を得た魚のように得意の組織運動で実力を発揮し成果を出したと思います。また、労組ともテーブルを挟んでも敬意を払って向き合い折衝する方がいました。絶えず虐げられてきた労働者には働く者の誇りを感じることができる折衝もあったと思います。折衝相手に対して、敬意を払って向き合っているかどうかは、熾烈な折衝ほど相手に伝わることを経験しました。誤魔化しの効かない折衝は、その人の人間性、人間力が出ることも経験しました。発言する経営側の役員の方の顔が、口元が緊張して震えている団交も経験しました。当方も団交後、パンツまで汗、冷や汗でビタビタになっていました。

本書のタイトル『ケーキと革命』の意味は、矢田さんの文章に尽くされている。

現在、格差・環境など私たちが抱える課題は膨大である。資本主義の行きつく先は地球と人類の破壊だともいわれている。本書の目的の一つは、戦後の日本経済を流通という点から解明し、新しい経済システム構築のヒントにすることである。終幕に書いたようにそれらの達成は心もとないが、とりあえずタカラブネの盛衰を史料や証言でまとめられたので今はほっとしている。

2023年8月15日　著者

付論　『ケーキと革命』の方法と叙述
——歴史学とノンフィクション

ノンフィクションの確立〜沢木耕太郎の仕事

「あなたの著作の大半はノンフィクションに分類される」と、ある編集者から聞いたことがある。近著『児童福祉の戦後史　孤児院から児童養護施設へ』（2023年、吉川弘文館）は第一次史料をもとにした本格的な歴史研究書と自負しているが、それでも私の思いを逐次挿入し、読者によりリアルな感情をもってもらおうと叙述を工夫した。こうした、私の著作における叙述方法は、「読まれる歴史書」を書いてきた色川大吉の著作を読んだ学生時代からのものである。色川の『明治精神史』（1964年、黄河書房）は、民衆思想史の地平を開いた書としても、叙述の新しさという点でも私のバイブルのような存在だった。『明治精神史』は高度な歴史研究書でありながら、「読ませる書」

であった。

また一方で、文芸としてのノンフィクションにも強く影響されていたことは否定できない。武田徹『日本ノンフィクション史』（2017年、中公新書）によれば、1960年代に「ルポルタージュと呼ばれていた作品がどうしてノンフィクションと呼ばれるようになったか」の分水嶺は1970年代であるとされる。事実を羅列したニュースと、そのニュースの深い部分にある意味をさぐりあてようとするルポルタージュ、そして物語としての構造を持ち文芸とまで云われるノンフィクションの線引きは意外と難しいが、画期となるのが沢木耕太郎『テロルの決算』（文藝春秋、1978年。1979年に第10回大宅壮一ノンフィクション賞受賞）であることは多くの人の認めるところであろう。沢木の登場で、新聞記者や雑誌記者でない自立したノンフィクション作家が職業として成立したことになる。

『テロルの決算』は暗殺者の青年と、暗殺された社会党委員長のそれぞれを時間差で描き、2人が交錯する時に事件が起こったと叙述される。時系列に読ませるのではなく、読者の興味・関心を喚起しつつ書かれた点で、文芸としての、あるいは物語としてのノンフィクションの傑作といえるだろう。拙著『テロルの時代』（2009年、群青社）は、結果的に沢木の『テロルの決算』を意識した叙述となった。1929年に暗殺された山本宣治と彼を暗殺した黒田保久二、黒田を操った特高警察官僚の3人を描き分け、暗殺の闇に迫ろうとする作品である。

物語としての構造を持つノンフィクション作品が、顕彰運動家から批判されることがある。山本宣治の有名な演説で墓碑銘（大山郁夫揮毫）にもなった「山宣ひとり孤塁（※実際には「孤塁」ではなく「赤旗」だった）を守る。だが私は淋しくない。背後には大衆が支持しているから」を歴史の授業で取り上げたときのことである。ある男子が「山宣はやっぱり淋しかったのではないの？」と発言したことから討論会になった。「山宣が淋しかったことを示す史料はないけどなあ」と私は答えたが、どうも釈然とはしなかった。こうした場合、「無産党のなかで孤立していた山本宣治は、もしかしたら淋しかったのではないか」と書くことが文芸としてのノンフィクションということになる。これを理解できない顕彰運動家といくら議論しても残念ながら不毛である。

佐野眞一の仕事と「無断転用」問題

雑誌『世界』（岩波書店）はリベラルな論考が多く掲載されている。これに対して、総合雑誌『文藝春秋』はノンフィクションが大半を占める。その『文藝春秋』を活躍の舞台にした大宅壮一の名を冠したノンフィクション賞があるのはよく知られている。ノンフィクションは「小文字の文芸」と呼ばれるが、今や舞台は月刊誌から週刊誌に移行した感もある。売れっ子のノンフィクション作家は専門のスタッフを雇い、いくつかの週刊誌に同時連載するなど、骨身を削って執筆している状況である。

小説は虚構（フィクション）である。だから虚構以外の論文、実話、ルポルタージュなどはすべて「ノン・フィクション」（虚構でないもの）ということなる。ところが「ノンフィクション」とは、「事実をもとにした物語の構造を持つ文芸」のことであり、広義の「ノン・フィクション」とは意味を異にしている。「事実は小説より奇なり」と言われるが、頭で考えたことよりも事実の方が面白く、意外性に満ちていることを何度も体験させられた。このノンフィクションを70年代に確立したのが沢木耕太郎だということについてはすでに書いた。

沢木耕太郎と同時代を生きたノンフィクション作家に佐野眞一がいる。ノンフィクション作家としての本格的作品である『遠い「やまびこ」 無着成恭と教え子たちの四十年』(1992年、文藝春秋)から遺作『唐牛伝 敗者の戦後漂流』(2016年、小学館)までの膨大な著作のほぼ全部を私は読んできた。『カリスマ 中内功とダイエーの「戦後」』(1998年、日経BP社)をはじめ何冊かの佐野の著書は、本書『ケーキと革命』を書く材料とした。私の佐野への傾倒は、ハウツー本である佐野の『私の体験的ノンフィクション術』(2001年、集英社新書)や『目と耳と足を鍛える技術 初心者からプロまで役立つノンフィクション入門』(2008年、ちくまプリマー新書)のなかの様々な実践例を実際に試みてみたことからもわかるだろう。

沢木と同年代にもかかわらず、『旅する巨人』(1996年、文藝春秋)で第28回大宅壮一ノンフィクション賞をとるまでの期間が長かった佐野眞一は、それまでの時間を取り戻すように精力的に執筆していった。ところが一番油の乗り切っていた2012年10月『週刊朝日』に連載をはじめた、大阪の地域政党「維新」創始者・橋本徹を描く「ハシシタ・奴の本性」で躓くことになる。佐野のノンフィクションは、『てっぺん野郎 本人も知らなかった石原慎太郎』(2003年、講談社。2009年に講談社文庫で『誰も書けなかった石原慎太郎』と改題して出版)でやったように、出自をていねいに掘り起こし現在を明らかにする手法をとるが、橋本は取材に応ぜず訴訟となった(2015

年、佐野が「おわび状」を渡し、解決金を払うことで和解)。

石原慎太郎は右翼的な政治家というイメージがあるが、プロレタリア文学を書いていたころもあり、学生時代に教養主義的な文化体験がある。これに対して、石原より若い橋下徹には教養主義の香りすら感じられない。この差は、佐野に対する対応の差にもあらわれる。石原は佐野を許容したが、橋下は拒絶したのである。

溝口敦・荒井香織『ノンフィクションの「巨人」佐野眞一が殺したジャーナリズム 大手出版社が沈黙しつづける盗用・剽窃問題の真相』(2013年、宝島社)が出版され、佐野への大バッシングが展開された。ノンフィクションは学術論文とは違うので、連載時の引用文にいちいち出典は明示せず、単行本化のときに巻末に参考文献として一覧表にするという佐野のやり方が「盗用・剽窃」とされたが、佐野がそのノンフィクションで明らかにした「物語」の全体像についてのオリジナリティさがまったく評価されず、佐野は不眠と鬱で入院することになる。

私は佐野眞一の著作のほとんどを読むほどの大ファンであり、『私の体験的ノンフィクション術』(2001年、集英社新書)は歴史研究の方法書としてもすぐれた書だと思っている。ノンフィクションと歴史研究には通底する方法があると感じているからだ。この佐野の本が契機となって、最初の著書『新ぼくらの太平洋戦争』(2002年、かもがわ出版)を上梓することができた。拙著『ポランの広場 瓦解した「宮沢賢治の理想郷」』(2007年、同)『テロルの時代 山宣暗殺者黒田保久二とその黒幕』(2009年、群青社)『魯迅の愛した内山書店 上海雁ヶ音茶館物語』(2014年、かもがわ出版)などは、佐野の手法に学び人物と時代を描いたノンフィクション的な歴史書である。

佐野眞一は『週刊朝日』による橋下徹特集記事問題の責任をとって、2012年に開高健ノンフィクション賞選考委員を辞任する。また他の作家の著作の「無断引用」問題などで書いた「詫び状」がネット上で公開されるなど作家生活最大の危機に立たされた。佐野眞一『ノンフィクションは死なない』（2014年、イースト新書）を読み、佐野ほどの作家でも入院するほどの状態になるのだと知り愕然とした。佐野眞一は「『無断引用』問題をめぐる最初で最後の私の『見解』」（『創』2013年4月号[*1]）でこう述べている（傍線は筆者）。

ノンフィクションにおける出典引用問題は極めて難しい問題である。引用した当該箇所すべてに印を付して、脚注のように参考文献を明示するという考えもあるが、それは読者を煩雑な思いにさせるばかりと言う別の考えもある。ノンフィクションは学術論文ではないのだから、必ずしも当該箇所に引用文献の出典を詳細に明示する必要はないという考えである。私はこれまでの慣行として、雑誌連載↓単行本化を前提として執筆しており、単行本化の際に、人一倍参考文献への配慮を払ってきた。逆に言えば、雑誌発表段階で参考文献を一々あげるのは、読者の煩わしさやページ数の制約を考えてあまりなじまないと考えてきた。

私の著作もまた多くの先行研究に学んで書かれたものであり、そのため他の著作の引用ばかりすると読みにくくなるという佐野眞一と同様のことを悩んだ。とかく歴史書は読みにくく、歴史観の形成はもっぱら時代小説や大河ドラマ（現在はインターネットのフェイクニュース）になるという深刻な現実をどう変えていくか。歴史研究の方法と歴史叙述の果たす役割は少なくない。
知り合いの編集者は私に史料からの引用について、次のように教えてくれた（傍線は筆者）。

すでに、お原稿をいただいていますが、少しお願いがあります。（最終的には、最後まで書き切っていただいた時点で、修正をお願いできればと思います）序章は、いままでの先生のお仕事から（他社さん含む）の引用がやや多いです。いままでのお仕事からの成果を書くことはもちろん大丈夫ですが、今回の御著は書き下ろしですので、初めて書くかたちで高らかに主旨を謳っていただければ幸いです。（出典は、注に出典を示すかたちでお願いします）史料からの引用は、大丈夫ですが単行本からの引用をしますと本の価値が下がります。咀嚼したうえで、本文に溶かして書いていただき、出典を示せば問題ありません。

店頭に並ぶ市販本として自分の書いたものを世に問うという行為には、賞賛もあれば厳しい批判にも晒される。批判のなかには、批判する当の本人は「正義」と意識していても、結果的に悪意に満ちたものに転化することがある。批判や指摘に対しては、一つひとつ答えることはせず、新しく書くもののなかに生かしてきた。これも佐野に学んだことである。[*2] 歴史研究とノンフィクションとの近似性を感じつつ、佐野眞一の痛みを理解したい。
佐野眞一が再起をかけて挑んだのが、沢木耕太郎が書きたいと思っていた、60年安保闘争を指導した全学連委員長・唐牛健太郎の伝記『唐牛伝　敗者の戦後漂流』（２０１６年、小学館）だった。この本が絶筆となったのは残念だが、『唐牛伝』の2年前に『ノンフィクションは死なない』（2014年、イースト新書）を著し、出典を本文中にいちいち明記することが読者に煩雑さを与えることなど、ノンフィクションの叙述をめぐる問題について記している。なお、『唐牛伝』の取材で新開純也が佐野のインタビューを受けたことが本書『ケーキと革命』執筆のきっかけになったことは本文中に書いたとおりである。

私のノンフィクション的歴史研究を振り返る

2023年1月末、『児童福祉の戦後史　孤児院から児童養護施設へ』（吉川弘文館）を上梓したことについてはすでに述べた。地元宇治市を中心とする南山城エリアで、暗殺された戦前の労農党代議士山本宣治（山宣）などの社会運動家研究にとりくんできた私が、あらたに戦後社会史研究に歩み出した記念碑的作品となった。その後は完全に戦後史にシフトし、『歩いて歩いて歩いて　西本あつしがいた時代』（2023年刊行予定、年群青社）、そして本書『ケーキと革命　タカラブネの時代とその後』に繋がっている。『児童福祉の戦後史』に至るまでの経過を、出版年順に自分の代表的な著作（単著・編著）とともにふり返ってみたい。

1、『新ぼくらの太平洋戦争』（2002年、かもがわ出版。日本図書館協会選定図書）
山宣暗殺を冒頭に置いたアジア太平洋戦争の授業実践。史料をめぐる生徒たちとのやり取りのなかで、史料の見方や考え方に多様性があることに気づく。

2、『ここから始める平和学』（2004年、つむぎ出版）

平和をめぐる国際法の歴史について書いた。民族自決権が国際法として確立していくなかで、山宣の指導した対支非干渉同盟の意味について考えた。

3、『島崎藤村の姪、こま子の「新生」・山本宣治と1920年代の女性たち』（2004年、非売品）

宇治山宣会発行の冊子。山宣「周辺研究」へと踏出した記念作。紫式部市民文化賞特別賞。

4、小説『パウリスタの風』（2008年、群青社）

日本軍慰安婦の教科書記載をめぐり論争が起こっていた、ブラジル日系社会から依頼があり、移民史研究に着手。山宣研究者の佐々木敏二先生（カナダ移民史研究者）に導かれるように、現地ブラジルのサンパウロ州アリアンサを訪問した。マイナーな研究テーマであり出版社がつかず、設定を推理小説として書き直した。紫式部市民文化賞を受賞。

5、『山本宣治　人が輝くとき』（2009年、学習の友社）

地元紙に7年間連載した「南山城の光芒」をもとにして一冊にまとめた。資料は青谷村（現城陽市）で刊行されていた新聞『山城』全488号。京都府総合資料館に秘匿されていた特高資料から『山城』を知り、保管していた郷土史家の古川章さん（京田辺市）から資料を借りて約2000枚をコピー。地元で山宣を支えた人びとの存在が明らかになった。

6、『テロルの時代　山宣暗殺者黒田保久二とその黒幕』（2009年、群青社）

山宣周辺研究をヒントに、山宣暗殺者黒田保久二を追った研究。黒田が生まれ育った徳島、青年時代を過ごした大邱（韓国）、警官となった大阪や商売をした神戸、港湾労働者だった北九州、東京芝浦、刑期を終えて渡った大連など各地を取材して書かれた作品。山宣暗殺の黒幕の存在を推定したという点でも力の入った作品となった。

7、『煌めきの章　多喜二くんへ、山宣さんへ』（2012年、かもがわ出版）
江口渙『たたかいの作家同盟記　わが文学半生記』（1966年）に記された、小林多喜二や江口たちが戦前山宣の墓を訪ねた部分を導入とし、実際は出会っていない山宣と多喜二を書簡のかたちで出会わせてみたフィクション。

8、『魯迅の愛した内山書店　上海雁ヶ音茶館物語』（2014年、かもがわ出版）
日中友好に尽くした内山完造・美喜夫妻を主人公にしたノンフィクション。宇治市小倉に美喜の実家があり、第一次史料が保管されており、それを使い『京都民報』に1年間連載。京都教会を通じて内山完造・美喜と山宣の父母がつながっており、教会史料から山宣洗礼の日付を特定した。

9、『シリーズ　戦争孤児』第1巻「戦災孤児」（2014年、汐文社）編著
10、『シリーズ　戦争孤児』第2巻「混血孤児」（2015年、汐文社）編著
11、『シリーズ　戦争孤児』第4巻「引揚げ孤児と残留孤児」（2015年、汐文社）編著
12、『戦争孤児を知っていますか?』（2015年、日本機関紙出版センター）
13、『戦争孤児～「駅の子」たちの思い』（2016年、新日本出版社）

山宣暗殺後治安維持法で弾圧され、「転向」を余儀なくされた社会運動家たちは、戦争を止められなかった贖罪の気持ちもあり、戦後の焼け野原にたむろする戦争孤児の救援に乗り出していく。「伏見寮」という孤児施設の史料を発見し、元孤児の人たちに取材を重ねた（オーラルヒストリー）。ＮＨＫスペシャルでも放映され、大きな反響を呼んだ。

14、『「明治150年」に学んではいけないこと』（2018年、日本機関紙出版センター）

山宣はカナダ時代に大衆性と労働者性を身につけたと言われるが、社会運動への目覚めもカナダ時代だった。少し前の時期には幸徳秋水がいた。同志社山宣会会長・住谷悦治旧宅にあったサンフランシスコ時代に幸徳秋水が書いた真筆を発掘し、これをもとにサンフランシスコへの現地調査も行い、幸徳秋水を軸にして明治という時代を書いてみた。

15、『なつよ明日を切り拓け　連続テレビ小説「なつぞら」が伝えたかったこと』（2019年、群青社）

戦争孤児をテーマにしたドラマということで引き受けたが、実際には戦後アニメ史という面もあり楽しく執筆できた。初めての戦後史の本となり、『児童福祉の戦後史』につながった。

16、『優生思想との決別　山本宣治と歴史に学ぶ』（2019年、群青社）

旧優生保護法による障がい者への断種手術が社会問題となるという情勢を受け、山宣がどのようにして優生思想を克服していったかについて、山宣と長女治子への書簡や山宣の著作などから分析した。歴史を語ることは自らを語ることでもあるという視点で書いた。妙義闘争と西本あつしのことにも触れた。

17、『山本宣治に学ぶ　科学・共同・ジェンダー』（２０２1年、日本機関紙出版センター）
ジェンダー平等、コロナ感染の拡大や野党共闘の進展などの当時の時代状況を受け、治安維持法をめぐる国会論戦、山宣暗殺後野党議員の弔辞などから、さまざまな側面から山宣を語ることの大切さを感じつつ書いた。立憲民主党の安住淳国対委員長、日本共産党の穀田恵二国対委員長にはゲラの段階で原稿を読み、推薦文を寄稿してくれた。
18、『戦争孤児資料集成（関西編）』全8巻（２０２２～23年、不二出版）編著
大阪府堺市にある東光学園が保管していた膨大な史料群のうち、「戦争孤児」に関するものを選別し出版。解題や附論を書いた。
19、『児童福祉の戦後史　孤児院から児童養護施設へ』（２０２３年、吉川弘文館）
東光学園史料と近江学園（滋賀県）の未公開「戦争孤児」史料を分類整理し、孤児院から児童養護施設へ変貌する日本の児童福祉史をまとめてみた。未解明だった児童福祉の戦後を明らかにするとともに、近代につくられた「家庭」にも光を当てた。
20、『歩いて歩いて　西本あつしがいた時代』（２０２3年刊行予定、群青社）
１９５8年、広島から東京までの平和行進を始めた西本あつしの36年の人生を、時代とからませて描いた。１９５０年代を詳細に記録し、時代のなかの西本あつしという視点にこだわってみた。

史料の読み取りや人物像の形成など、多様な人間の在り方を時代のなかで描くことの大変さと面

白さを感じてきた20年間だった。自分自身のなかでは前半の10年が社会運動史研究、後半の10年が戦争孤児研究というふうにおおまかに分けているが、実際には社会運動史研究を続けながら、戦争孤児研究（戦後社会史研究）も同時並行的にやっていたといえる。

私の著作は1から20に含まれないものも含め、①戦前社会運動史、②戦争孤児関係、③戦後社会運動史、④教育関係、⑤社会科の教材、の5つに分類できる。①〜③は重複がありつつも、おおむね時系列になっている。学校現場を離れる時期が近付いているので、今後は③の執筆に時間をかけることが多くなるだろう。本書脱稿後は、『ベラミ楽団　高級ナイトクラブのジャズメンたち』（仮題）にとりかかるつもりである。

歴史研究とノンフィクション、そして授業

学生時代、歴史研究者・色川大吉の歴史叙述に大きな影響を受けたことについてはすでに書いた。色川は敗戦体験と60年安保闘争体験を内省しつつ、民衆史研究の道を進んだが、彼の研究書は叙述に「私」（一人称）が登場する異例のものだった。今になって思えば、沢木耕太郎や佐野眞一らが自らの取材体験を「私」というものの視点から赤裸々に叙述する方法に通底する。拙著『魯迅の愛した内山書店』（2014年、かもがわ出版）では内山完造の妻・美喜、魯迅と中国革命家たち、谷崎潤一郎と佐藤春夫などの視点から立体的に時代を描こうとしたが、その際に常に「私」の感性を隠さずに書くようにした。『魯迅の愛した内山書店』「まえがき」の冒頭を転載する。

スカートに木漏れ陽の陰影が映える。細面の若い女がいる。女を見つめる、柔和な男の顔……。早春の恋人たちを写した、一枚のセピア色の写真を手にしたとき、不思議な温かさに私は満たされた。女は井上美喜、男は内山完造。京都で結婚し、中国の上海で新婚生活を営んだ頃の写真らしい。大正五（一九一六）年のことである。

かつて歴史学者の阿部謹也は『歴史と叙述　社会史への道』（1985年、人文書院）のなかでこう述べていた。

……研究の基本線はすべて自分のなかから出てきた問題であったように思います。結局は自分と周囲との関係をどのように理解してゆくか。そのなかでどのように行動してゆくかという問題からはじまって、私の研究はヨーロッパ中世にまで広がっていったのでした。

また、歴史叙述とはいったい何かという問題も私の頭のなかには常にありました。歴史叙述がなぜおもしろくなければならないのか、この問いを少し学問的にいいますと、歴史叙述はなぜ物語としての構造をもちなければならないとされているのか、という問いになります。

筆者にとって歴史は自分の内面に対応する何かなのであって、自分の内奥と呼応しない歴史を私は理解することはできないのです。

『児童福祉の戦後史』において、「私」という一人称により書かれた史料の価値について私は次のように書いている。

近年活性化している「エゴ・ドキュメント」を材料とした研究方法・叙述についてもかんたんにふれておきたい。スーザン・L・カラザース『良い占領？』を翻訳した小滝陽の「訳者解説」によれば、「エゴ・ドキュメント」とは「『私』のような一人称で書かれた資料を指」し、「その自己言及的な性質から、人々の主観や自己構築のありようを探る手掛かりとしても用いられている」「近年の日本でも、エゴ・ドキュメントを用いて兵士の経験や認識を問う研究が、今居宏昌、小野寺拓也、山田朗、吉田裕らにより積み重ねられている」。横山百合子は『江戸東京の明治維新』（2018、岩波新書）において、幕末の遊女たちの記（エゴ・ドキュメント）を手掛かりとして、自らの尊厳を守ろうとした歴史を明らかにした。本書中に登場する史料のなかにはエゴ・ドキュメントと呼べるものもあり、書き終えた時点から言えるのは、こうした史料は本書の叙述にも大きく反映されたはずである。

私も執筆者の一人である『ともに学ぶ人間の歴史』は、文科省検定済・中学歴史教科書である。他の教科書と違う点は、単元ごとに一つの物語がイメージされている点である。教科書なので無味乾燥な部分もあるが、それでも読み手である中学生を意識した叙述の工夫が感じられる。これは授業がひとつの物語を形成する時間だからかもしれない。暗記型の歴史教育を脱するため、学校現場で用いられてきた生徒が考え、学び、発見する授業とは、ノンフィクションの方法とも重なるものである。

『ケーキと革命』の方法と叙述

本書『ケーキと革命』にはさまざまな人々が登場するが、中心を担うのは三者である。その三者とは60年安保闘争を闘い、のちにタカラブネ社長となる新開純也、パートの女性を含むタカラブネで働いていた労働者たち、そしてタカラブネ創業家である。その三者は駄菓子屋に生まれた「私」の目を通して複合的に語られるが、読者は私の目線に自らを重ねることで、物語を俯瞰しながらも、その中に入り込んでいく。

洋菓子の近代史や消費革命などの経済史も盛り込みながらも、本書が難解に感じられないとしたら、それは「私」という視点のずれがないからだろう。佐野眞一は「ノンフィクションは小文字の文芸」と言っていた。スローガンなどの大文字ではなく、日常の事実と思いを綴るのがノンフィクションだと言いたかったのだろう。沢木耕太郎や佐野は、自らの取材過程をそのまま叙述し、読者に臨場感を持たせようとする。だから、学術論文にある「問題の所在」などを最初に明らかにする「演繹的」方法はとらず、いわば「帰納法的」方法で叙述する。「演繹的」方法とは、ここが問題だと示し、後段でそれを明らかにしていくというやり方である。佐野や切り開いてきた「帰納法的」方法で叙述するノンフィクションの地平を、歴史学の方法としても受け止め、歴史研究書の叙述に生かしていくことが求められている。それは色川大吉らが半世紀前に試行的に提示した方法でもある。

＊1　同様の内容が、佐野眞一『ノンフィクションは死なない』（2014年、イースト新書）にある。

＊2　以下の文章を書くまでに佐野眞一は睡眠薬の服用や入院、休筆を余儀なくされている。佐野はこう書いている。「重箱の隅をつつくような書き方や鬼の首でも取ったようにはしゃぎまわる物言い、そして単行本化されたときの『ノンフィクションの「巨人」佐野眞一が殺したジャーナリズム』（2013年、宝島社）という大仰なタイトルなタイトルには幼稚な悪意を感じた。同時に執拗で粘着質な記述にインターネット常習者特有の独善性を感じた。そして、いくら書いてもメディアに注目されない苛立ちが、根深いルサンチマンになっているような気がした」（佐野眞一『ノンフィクションは死なない』）。

【参考文献】

林周二『流通革命　製品・経路および消費者』1962年、中公新書
沢木耕太郎『テロルの決算』1978年、文藝春秋
野口五郎『新　走れつっ走れ　わが店タカラブネ号航海記　第4弾』非売品、1980年、商業界
中岡哲郎『人間と労働の未来　技術進歩は何をもたらすか』1970年、中公新書
梅本浩志『企業内クーデタ　タカラブネ騒動記』1984年、社会評論社
守安正『お菓子の歴史』上『食の風俗民俗名著集成10巻』1985年、東京書房社
三上太郎『株式上場』1985年、現代企画室
守安正『お菓子の歴史』下『食の風俗民俗名著集成11巻』1985年、東京書房社
渥美俊一『チェーンストア経営の原則と展望』1986年、実務教育出版
『唐牛健太郎追想集』1986年、唐牛健太郎追想集刊行会
柴田隆介『会社もけっこう面白い』1990年、日本経済新聞出版
森毅『ボクの京大物語』1992年、福武書店
吉田菊次郎『西洋菓子彷徨始末　洋菓子の日本史』1994年、朝文社
軍司貞則『ナベプロ帝国の興亡』1995年、文春文庫
高橋洋児『市場システムを超えて　現代日本人のための「世直し言論」』1996年、中公新書

佐野眞一『カリスマ　中内㓛とダイエーの「戦後」』1997年、日経BP出版センター
島成郎監修・高沢皓司編集『戦後史の証言・ブンド』（『ブンド［共産主義者同盟］の思想』別巻）
　1999年、批評社
佐野眞一『私の体験的ノンフィクション術』2001年、集英社新書
本庄豊『新ぼくらの太平洋戦争』2002年、かもがわ出版
佐野眞一『てっぺん野郎 本人も知らなかった石原慎太郎』（2003年、講談社。2009年に講談
　社文庫で『誰も書けなかった石原慎太郎』と改題して出版）
矢作弘『大型店とまちづくり 規制進むアメリカ、模索する日本』2005年、岩波新書
布袋寅泰『秘密』2006年、幻冬舎
本庄豊『ポランの広場　瓦解した「宮沢賢治の理想郷」』2007年、かもがわ出版
渥美俊一『流通革命の真実　日本流通業のルーツがここにある！』2007年、ダイヤモンド社
佐野眞一『目と耳と足を鍛える技術　初心者からプロまで役立つノンフィクション入門』2008年、
　ちくまプリマー新書
本庄豊『テロルの時代　山宣暗殺者・黒田保久二とその黒幕』2009年、群青社
辻井喬『心をつなぐ左翼の言葉』2009年、かもがわ出版
二木隆『京大の石松、東大へゆく　インターン制を変えた男』2010年、文芸春秋
島成郎・島ひろ子『ブンド私史　青春の凝縮された生の日々　ともに闘った友人たちへ』2010年、
　批評社

本庄豊『魯迅の愛した内山書店　上海雁ヶ音茶館物語』2014年、かもがわ出版
赤坂真理『愛と暴力の戦後とその後』2014年、講談社現代新書
武田徹『日本ノンフィクション史　ルポルタージュからアカデミックジャーナリズムまで』2017年、中公新書
佐野眞一『唐牛伝　敗者の戦後漂流』2018年、小学館文庫版
新開純也ほか『わが青春に悔いはなし　60年安保を語る』2023年、座談会冊子

1967	タカラブネ、フランチャイズ店 14 店オープン ホイップクリームの製造に成功	大和アイス、シャトレーゼに名称変更
1968	宝船屋が株式会社タカラブネに社名変更	
1969	主力工場を焼失、久御山の大久保工場に移転	東大安田講堂封鎖解除
1972	タカラブネ、フランチャイズ店 100 店に	連合赤軍あさま山荘事件。沖縄返還
1973	タカラブネ、フランチャイズ店 200 店に	コンビニエンスストア第一号店が東京でオープン （第 1 次石油危機）
1974	野口五郎、頸椎骨軟化症で手術するも吐血	
1975	新開純也タカラブネ入社。近藤芳次入社	
1976	タカラブネ、フランチャイズ店 300 店に 中部営業所（愛知県）開設	
1977	野口五郎、復職。矢田基学生バイトとなる。	ペトリカメラ倒産。組合による再建闘争が進む
1978	タカラブネチェーン店 600 店。株式上場	
1979	タカラブネにおける労働災害が 63 件となる。	（第 2 次石油危機）
1980	タカラブネ労組（のちの自立労連）結成 タカラブネ、フランチャイズ店 700 店に 新開純也工場長となる。野口修、京都に戻る。	堤清二がスーパー西友内に「無印良品」を創設
1981	野口五郎が八郎を更迭し、修を社長とする。 タカラブネ労組、初めての春闘をたたかう。 フランチャイズ店 800 店で業界第一位となる	
1982	野口五郎、死去 自立労働組合連合（タカラブネ労組）スト回避	
1983	永幸労組結成 野口八郎派によるクーデター（修の降格）	瀬田川南郷にケーキハウス・トップス開店
1984	タカラブネ経営刷新同盟結成。労組スト権確立 八郎派、株主総会への京都府警機動隊要請 経営刷新同盟のメンバーが、管理職労組結成 八郎派が第二組合を結成、門前と労組と対決 「パート請願書」宇治市議会で採択	反トマホーク全国キャラバン
1985	「パート請願書」城陽市議会で採択	
1988		
1989	タカラブネ、赤字決算となる。	ベルリンの壁崩壊。中国で天安門事件
1991	新開純也、社長となる。 労組、八尾物流センターの廃止を受け入れる。	湾岸戦争勃発 ソ連崩壊（バブル経済崩壊）
1992	新開社長、菊一堂事務所閉鎖と縮小を提案	
1993	京都第二工場閉鎖を行うことを会社・組合合意	EU 発足
1997		中内㓛、ダイエーの会長を辞任
2001		アメリカ同時多発テロ。セゾングループ、解散
2003	タカラブネ、民事再生法申請（事実上の倒産） 新会社スイートガーデンなどに移行	イラク戦争開戦
2005		ダイエー、産業再生機構の支援を受ける。

「洋菓子とタカラブネの日本近現代史　略年表」

西暦	タカラブネ関係	関連する日本史・世界史(洋菓子史など)
1878	1937年日中全面戦争、1941年アジア太平洋戦争へと戦火が拡大、「ぜいたくは敵だ」のスローガンのもと、経済が統制されるようになった。菓子はもっともぜいたくなものとされたのである。1940年は糖価が公定価格となり、砂糖生産高は急落した。砂糖の売買は禁止され、砂糖を原料とする和洋菓子製造店は休業や廃業に追い込まれていく。こんな情勢にもかかわらず、軍御用達の菓子司にだけは砂糖が配給されていた。 1945年8月15日、敗戦。武装解除された日本に米軍が占領軍として上陸する。彼らは日本の子どもたちにチョコレートやチューインガムを投げ与えた。今ではアメリカ製の甘いだけのチョコレートは日本では好まれないが、当時の子どもたちは我先にとチョコレートを求めた。子どもたちがアメリカと日本との物量の差を、身をもって知るのは菓子類を媒介にした戦後体験からだった。こうして菓子は逆説的ではあるが日本の戦後経済をけん引する存在となっていく。タカラブネの出発はこうして準備された。 （本書より）	東京銀座の米津凮月堂がビスケットの製造・販売
1894		日清戦争（台湾が日本領に）
1899		東京赤坂に森永製菓創設
1904		日露戦争
1914		第一次世界大戦（南洋諸島が日本の委任統治に）
1910		東京銀座でカフェ「パウリスタ」開店
		菓子販売店「不二家」創業。韓国併合
1916		東京で東京菓子（のちの明治製菓）創立
1917		ロシア革命
1929		日本が砂糖の自給自足体制確立（台湾・南洋）
1930		京都三条に「リプトン」創業
1931		満州事変（満州国建国へ）
1937		日中全面戦争
1941		アジア太平洋戦争
1945	野口五郎が復員する。	一五年戦争が敗戦。進駐軍が洋菓子を持ち込む。
1946	野口安松が駄菓子屋「丸安堂」を開店	食糧メーデー。日本国憲法公布
1948	野口五郎、京都市下京区で「宝船屋」創業	世界人権宣言
1949	仏光寺油小路移転、「京屋菓子店」に名前を変更	下山、三鷹事件。中華人民共和国成立
1950	松原店開店	朝鮮戦争勃発（朝鮮特需の発生）。総評結成
1951	千中店開店	サンフランシスコ条約、日米安保条約調印
		望月幸男、京大入学
1952	新町松原に移転、株式会社宝船屋と名称変更。	吉田茂内閣が破防法提出（成立）
1953	工場を二倍に増設、トンネル窯設置	東京で日本のスーパー第一号・紀伊国屋創業
	京都大丸百貨店で三笠の実演販売開始	スターリンソ連共産党書記長死去
1954	大阪の近鉄百貨店（阿部野・上本町）出店	槌田劭、京大入学。第五福竜丸ビキニで被曝
1955	（高度経済成長始まる～1973年まで）	日本共産党六全協開催。ベトナム戦争開戦
1956	野口五郎、渥美俊一の講演を聞く。	国連総会、日本加盟を承認
	（多店舗経営方式・チェーンストア理論学ぶ）	日ソ国交回復共同宣言
1957	野口修、京大入学	中内㓛が神戸でダイエーを創設
	野口修、初代京大全学自治会・同学会委員長	岸信介内閣成立
	野口五郎、宝船屋直販店を七割に増店する。	ソ連、初の人工衛星打ち上げ成功
1958		ブンド（共産主義者同盟）結成
1959	新開純也、京大入学	
	新開純也、京大宇治分校自治会の委員長となる	
1960	60年安保闘争	新安保成立。岸内閣辞任、池田隼人内閣成立
1961	新開純也、京大同学会委員長。関西ブンド創立	堤清二、セゾングループの社長になる。
1962		渥美俊一がペガサスクラブ創立
1963	野口五郎、工場を伏見に移転	
1964		東京オリンピック開催
		堤清二、セゾングループを引継ぐ
1965	タカラブネ幹部職員、ペガサスクラブ研修参加	日韓基本条約調印

索引

ち

つ

て

と

本庄　豊（ほんじょう ゆたか）

専門研究分野は近現代日本社会運動史、戦後社会史。1954年、群馬県碓氷郡松井田町（現：安中市）に生まれる。父がレッド・パージで高校教員の職を追われたため、母は駄菓子屋で生計を立てる。新聞配達や牛乳配達をしながら思春期を過ごす。県立前橋高等学校を経て、東京都立大学卒。国家公務員、地方公務員勤務後、京都府で公立中学校や私立学校（立命館宇治中学校・高等学校）で社会科教員。現在、立命館大学・京都橘大学非常勤講師。歴史教育者協議会副委員長、社会文学会理事。

主な著書に『ポランの広場　瓦解した「宮沢賢治の理想郷」』（かもがわ出版、2007年）『テロルの時代　山宣暗殺者黒田保久二とその黒幕』（群青社、2009年）『魯迅の愛した内山書店　上海雁ヶ音茶館物語』（かもがわ出版、2014年）『戦争孤児　「駅の子」たちの思い』（新日本出版社、2016年）『「明治150年」に学んではいけないこと』（日本機関紙出版センター、2018年）『児童福祉の戦後史　孤児院から児童養護施設へ』（吉川弘文館、2023年）などがある。

ろ

わ

ケーキと革命　タカラブネの時代とその後

2023年9月15日　初版1刷発行 ©

著　者— 本庄 豊

発行者— 岡林信一

発行所— あけび書房株式会社

〒167-0054　東京都杉並区松庵 3-39-13-103
☎ 03. 5888. 4142　FAX 03. 5888. 4448
info@akebishobo.com　https://akebishobo.com

印刷・製本／モリモト印刷

ISBN978-4-87154-235-7　c3021

あけび書房の本

間違いだらけの靖国論議

三土明笑著　靖国問題について、メディアに影響された人々が持ち出しがちな定型化した質問をまず取り上げ、Q&A形式で問いに答えながら、本当の論点をあぶり出し、そのうえで体系的に記述する。

2200円

毎日メディアカフェの9年間の挑戦

人をつなぐ、物語をつむぐ

斗ヶ沢秀俊著　2014年に設立され、記者報告会、サイエンスカフェ、企業・団体のCSR活動、東日本大震災被災地支援やマルシェなど1000件ものイベントを実施してきた毎日メディアカフェ。その9年間の軌跡をまとめる。

2200円

気候危機と平和の危機

海の中から地球が見える

武本匡弘著　気候変動の影響による海の壊滅的な姿。海も地球そのものも破壊してしまう戦争。ダイビングキャリア40年以上のプロダイバーが、気候危機打開、地球環境と平和が調和する活動への道筋を探る。

1980円

その時、どのように命を守るか？

原発で重大事故

児玉一八著　原発で重大事故が起こってしまった際にどのようにして命を守るか。放射線を浴びないための方法など、事故後のどんな時期に何に気を付ければいいかを説明し、できる限りリスクを小さくするための行動・判断について紹介する。

2200円

価格は税込